U0366548

高职高专规划教材

建筑制图与 CAD 习题集

吴慕辉　主　编
姚志刚　李保霞　副主编

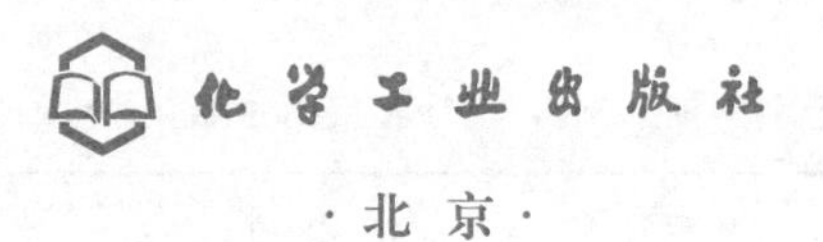

·北京·

本习题集是《建筑制图与CAD》教材的配套用书。

本习题集共分十二章，其内容由浅入深，适合学生学习选用。

本习题集可作为高职高专建筑工程技术专业、建筑设计类专业、工程管理类专业、城市规划专业等相关专业的教材，也可作为成人教育土建类及相关专业的教材，还可供相关专业的技术工作人员参考。

图书在版编目（CIP）数据

建筑制图与CAD习题集/吴慕辉主编. —北京：化学工业出版社，2009.8（2024.8重印）
高职高专规划教材
ISBN 978-7-122-05740-2

Ⅰ. 建… Ⅱ. 吴… Ⅲ. 建筑制图-计算机辅助设计-应用软件，AutoCAD-高等学校：技术学院-习题 Ⅳ. TU204-44

中国版本图书馆CIP数据核字（2009）第110148号

责任编辑：李仙华 王文峡　　装帧设计：王晓宇
责任校对：郑 捷

出版发行：化学工业出版社（北京市东城区青年湖南街13号 邮政编码100011）
印　装：河北延风印务有限公司
开本 787mm×1092mm 1/16 印张 7½ 字数 202 千字 2024年8月北京第1版第11次印刷

购书咨询：010-64518888　　售后服务：010-64518899
网　址：http://www.cip.com.cn
凡购买本书，如有缺损质量问题，本社销售中心负责调换。

定　价：25.00元

前　言

本习题集与《建筑制图与CAD》教材配套使用。

本习题集编写顺序与配套教材一致，题型多样，题量、难度适中。同时注重将尺规绘图和计算机绘图有机结合，内容实用，重点突出。

本习题集由湖北第二师范学院吴慕辉主编，湖北第二师范学院姚志刚、河南省鹤壁职业技术学院李保霞副主编，河南工程学院李静、随州职业技术学院叶琨、太原大学曹兴亮等也参加了编写。

由于水平有限，书中不当之处在所难免，恳请读者批评指正。

编　者

目　录

第一章　制图的基本知识

1-1　字体练习

建筑制图民用房屋东南西北方向平立剖面设计说明

基础墙柱梁板楼梯框架承重结构门窗阳台雨篷勒脚

散洞沟材料钢筋水泥砂石混凝土砖木给排暖电空调

字体练习（一）	班级		姓名		学号	

比例尺长宽高厚度形状大小体积轴线垂直前后左右
上中下室内外地坪素土夯实踏步安全栏杆扶手防潮
层结构设备城市管网维修队一二三四五六七八九十
字体练习（二）
班级
姓名
学号

建筑屋面油毡防水层绿豆砂保护找平隔热挂瓦顺水椽检查顶棚吊天窗
雨水口管沟盖泛檐圈梁隔断墙预埋件砖砌过梁伸缩沉降防震缝地下室
楼地面消防梯安全门逃生路线面积挖土方机械人工管理利润风险金额
字体练习（三）
班级
姓名
学号

A 型字体（笔画宽度为字高的 1/14）

h

ABCDEFGHIJKLMNOP

QRSTUVWXYZ

(10/14) h

abcdefghijklmnopq rstuvwxyz

1234567890

I V

Φ

X

ABCabc123I V

75°

字体练习（四）	班级		姓名		学号	

B型字体（笔画宽度为字高的1/10）

h

ABCDEFGHIJKLMNOPQRSTUVWXYZ

$(7/10)h$

abcdefghijklmnopqrstuvwxyz

1234567890

ABCabcd1234

75°

Ⅰ

Ⅴ

Ⅹ

Φ

Ⅰ

Ⅴ

字体练习（五）	班级		姓名		学号	

1-2 线型练习

1. 试用 A3 幅面图纸，1∶1 的比例铅笔绘制所给图样。要求线型粗细分明，交接正确（图例汉字略）。

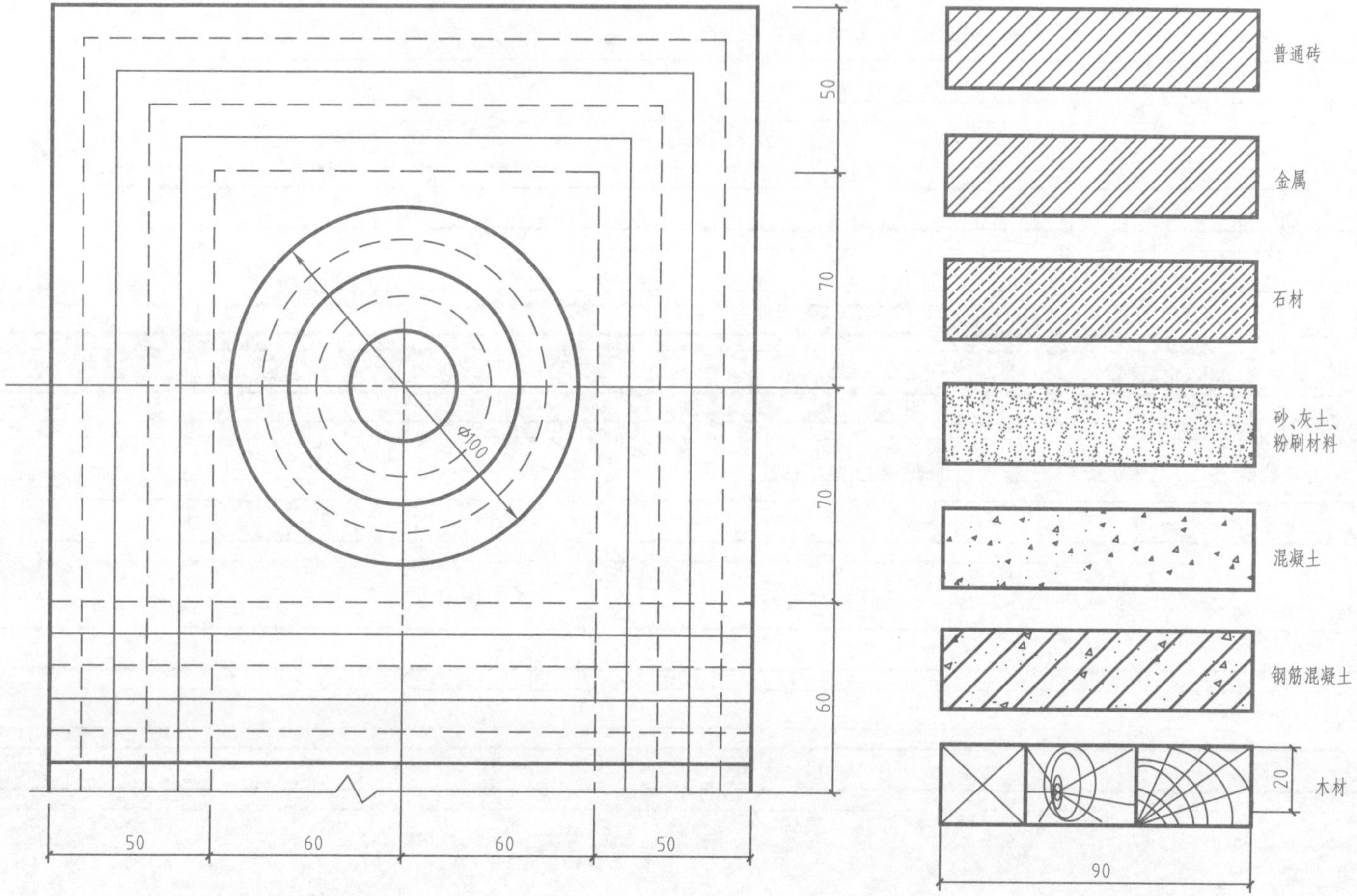

线型练习（一）	班级		姓名		学号	

2. 试用 A3 幅面图纸，铅笔绘制所给图样，要求线型粗细分明，交接正确。

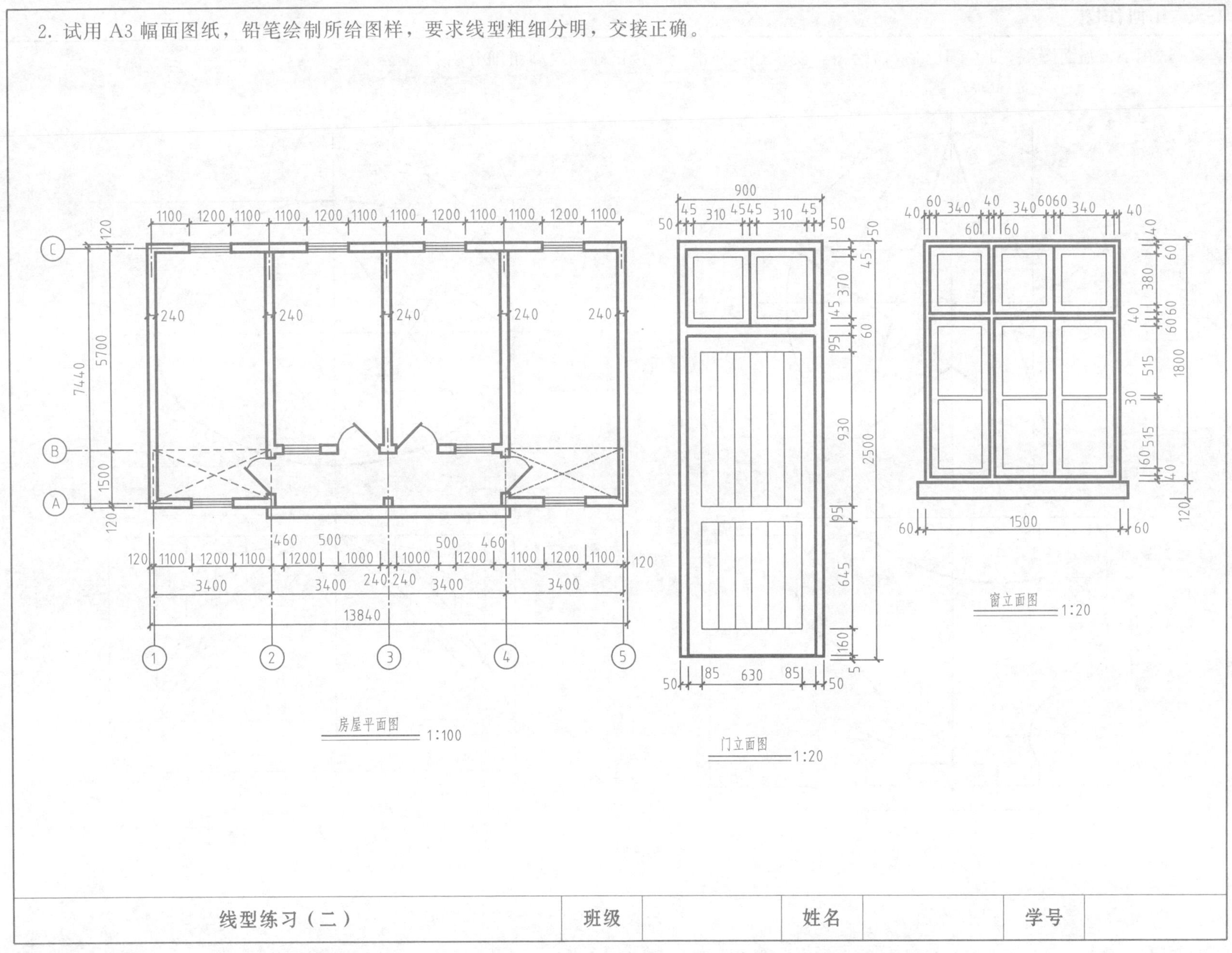

1-3 几何作图

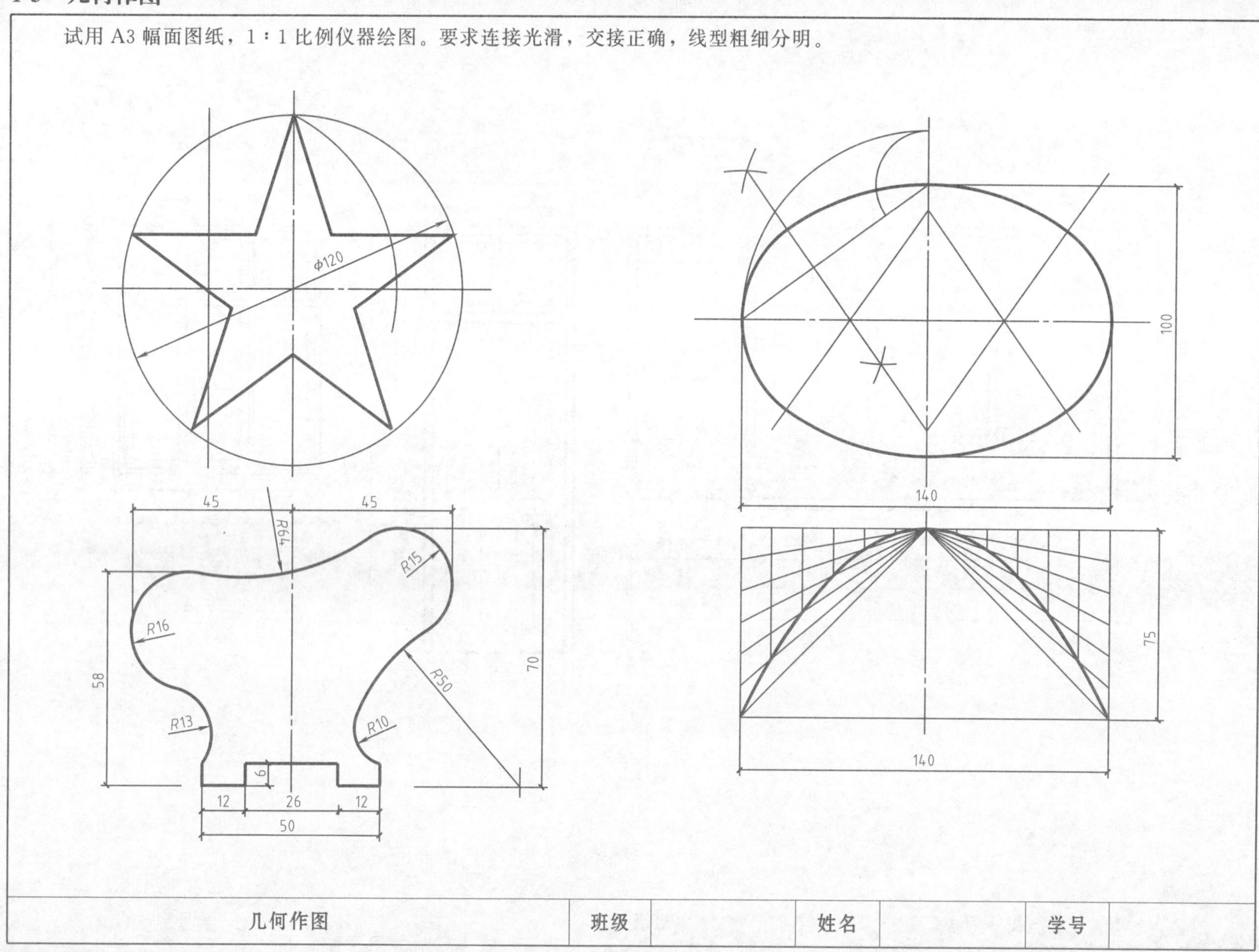

试用 A3 幅面图纸，1∶1 比例仪器绘图。要求连接光滑，交接正确，线型粗细分明。
Φ120
45
45
R64
R15
R16
58
70
R50
R13
R10
6
12
26
12
50
100
140
75
140
几何作图
班级
姓名
学号

第二章 正投影原理

2-1 点的投影

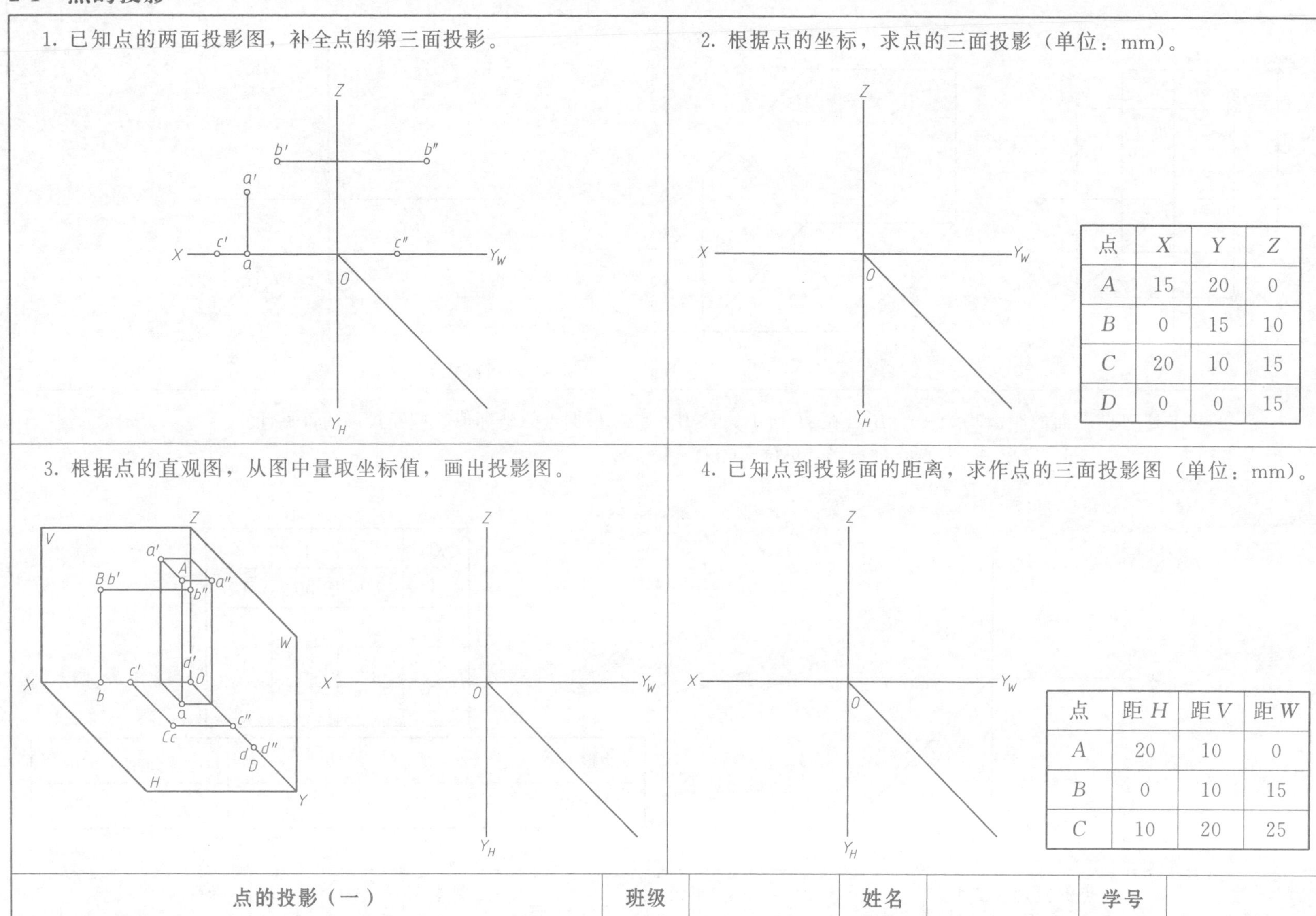

1. 已知点的两面投影图，补全点的第三面投影。

2. 根据点的坐标，求点的三面投影（单位：mm）。

点	X	Y	Z
A	15	20	0
B	0	15	10
C	20	10	15
D	0	0	15

3. 根据点的直观图，从图中量取坐标值，画出投影图。

4. 已知点到投影面的距离，求作点的三面投影图（单位：mm）。

点	距 H	距 V	距 W
A	20	10	0
B	0	10	15
C	10	20	25

点的投影（一）	班级		姓名		学号	

5. 根据点的三面投影图，作直观图。

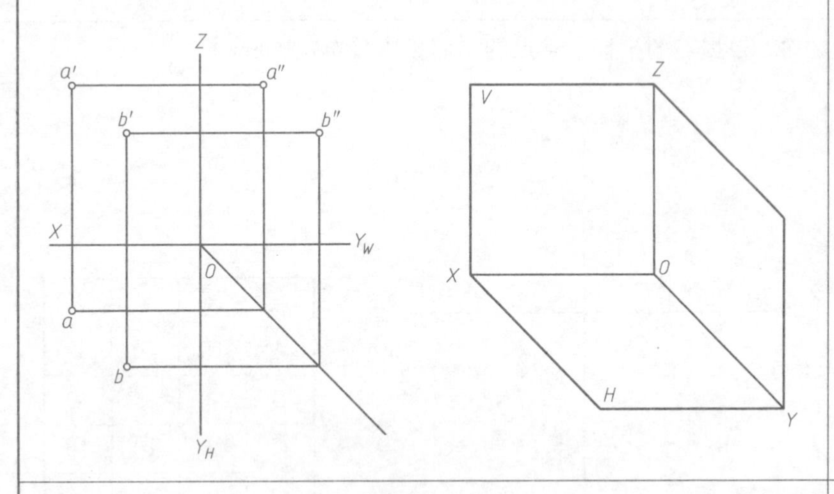

6. 已知点 D（30，0，20），点 E（0，0，20），点 F 在点 D 的正前方 25，求 D、E、F 的三面投影，并判断可见性（单位：mm）。

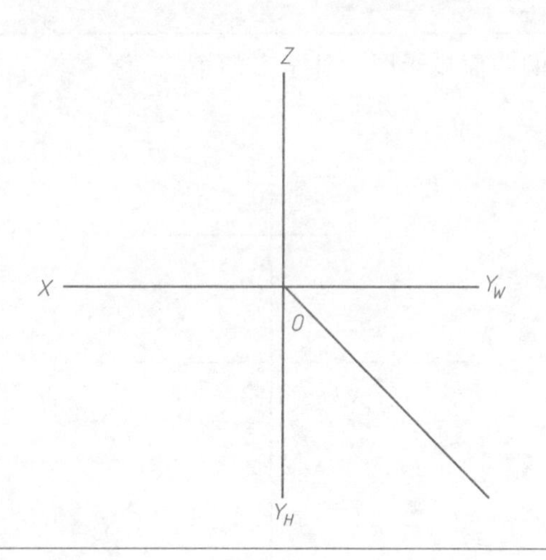

7. 已知点 A 到三投影面的距离均为 10，B 点在 H 面上，且 B 点在 A 点前方 10、左方 5，完成 A、B 两点的投影（单位：mm）。

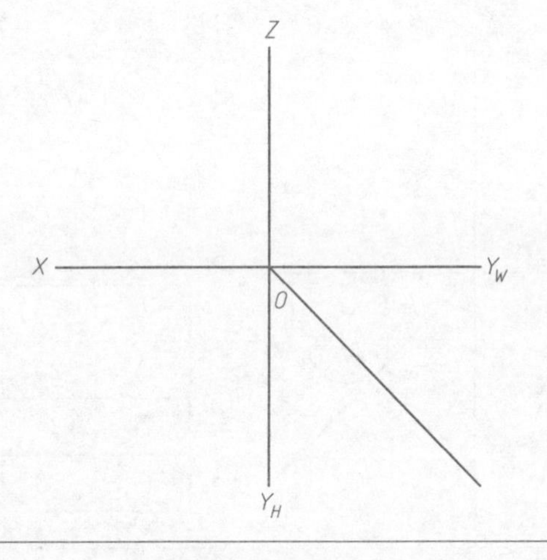

8. 根据点的坐标值，判断投影的可见性。

点	X	Y	Z
A	30	20	10
B	30	15	10
C	25	20	10
D	30	15	20

投影	a	a'	b	b'	c	c'	d	d'
可见性								

点的投影（二）	班级		姓名		学号	

9. 已知点 A 的投影，求作点 B、C、D 的投影，使 B 点在 A 点的正左方 8mm，C 点在 A 点的正前方 10mm，D 点在 A 点的正下方 5mm。

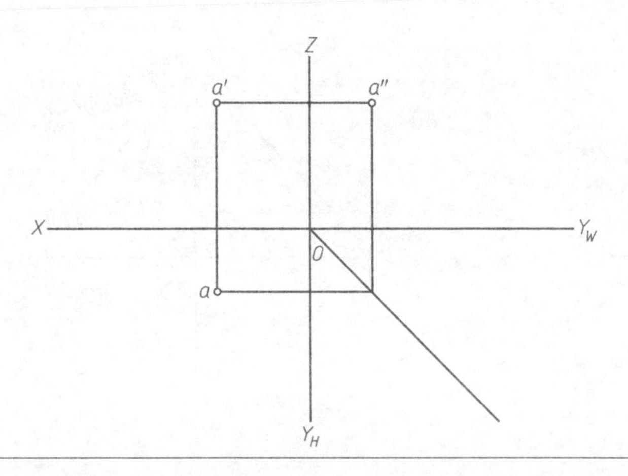

10. 补全点的投影图并比较两点的相对位置。

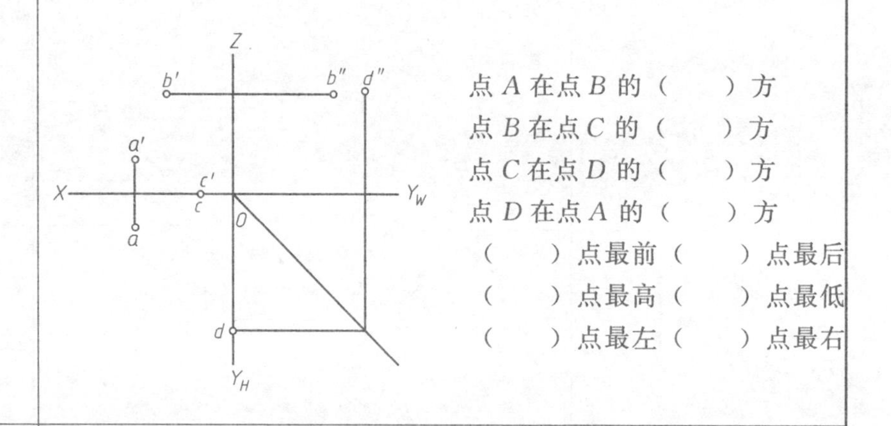

点 A 在点 B 的（　　）方

点 B 在点 C 的（　　）方

点 C 在点 D 的（　　）方

点 D 在点 A 的（　　）方

（　　）点最前（　　）点最后

（　　）点最高（　　）点最低

（　　）点最左（　　）点最右

11. 已知点 A（25，0，20）、点 B（0，0，20），点 C 在点 A 的正下方 10mm，求点 A、B、C 的三面投影，并判断重影点的可见性。

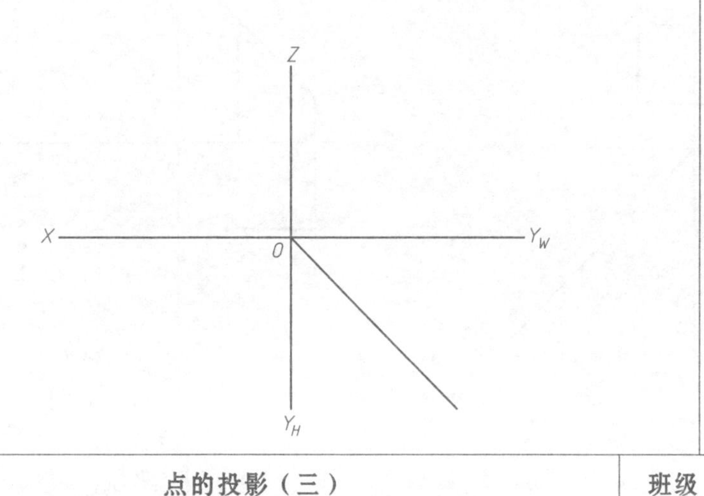

12. 求出 S、A、B、C 的第三投影，判断重影点的可见性，并把同面投影用直线连接起来。

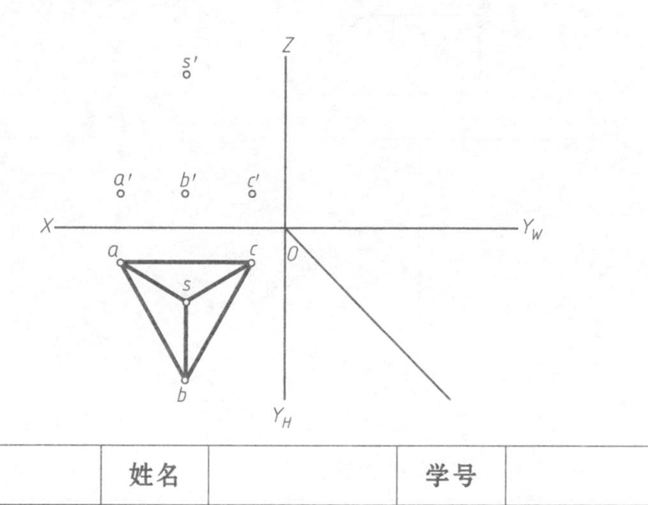

点的投影（三）	班级		姓名		学号	

2-2 直线的投影

1. 补出各线段的第三面投影，并注明是何种位置直线。

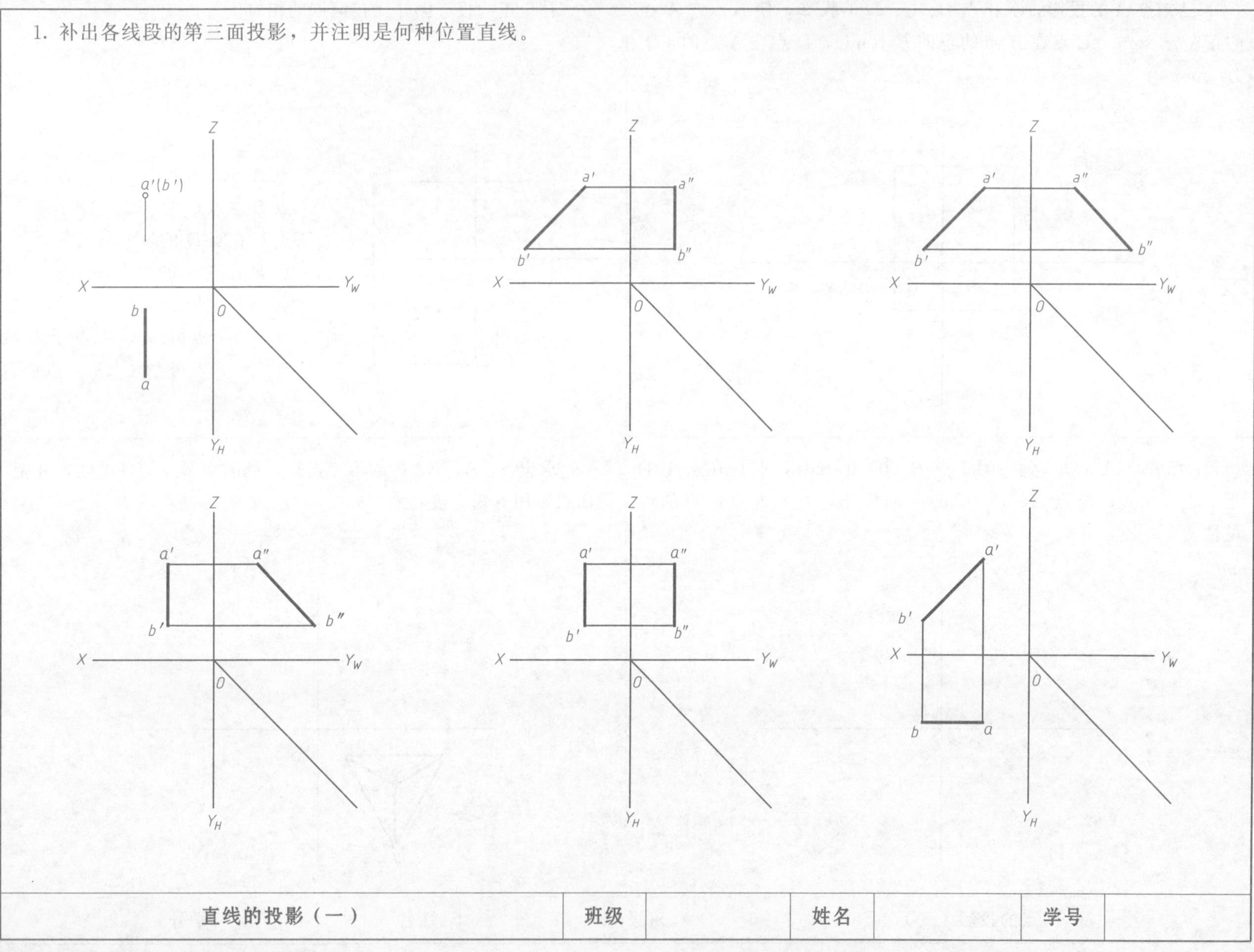

直线的投影（一）	班级		姓名		学号	

2. 已知直线 AB 和 CD 的端点坐标分别为 A（30，5，20），B（5，20，10），C（40，10，0），D（10，30，0），作出两直线的投影图。

3. 过点 A 作 $AB=20$、$\beta=45°$ 的水平线和 $AC=20$ 的铅垂线（单位：mm）。

4. 已知直线 AB 两端点 A 的坐标为（20，10，5），点 B 距 H 面 20、距 V 面 5、距 W 面 5，求 AB 直线的三面投影图（单位：mm）。

5. 已知 E（15，5，15），过 E 作一真长为 20 的正垂线 EF，F 在 E 前面（单位：mm）。

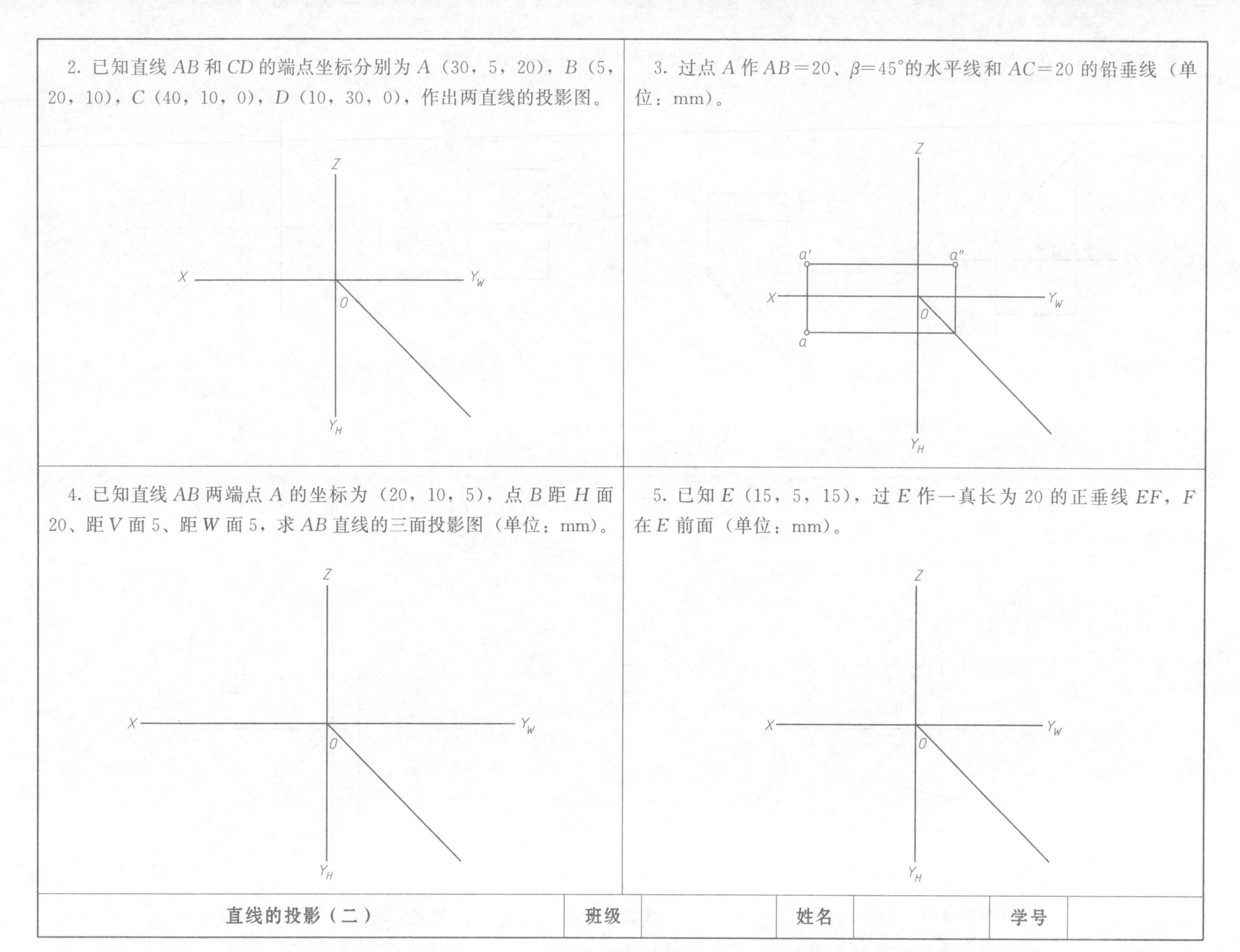

直线的投影（二）	班级		姓名		学号	

6. 判断下列各直线的相对位置及与投影面的夹角，并在反映真长的投影旁注明真长字样。

AB 为（　　）线　$\alpha=$　$\beta=$　$\gamma=$

CD 为（　　）线　$\alpha=$　$\beta=$　$\gamma=$

EF 为（　　）线　$\alpha=$　$\beta=$　$\gamma=$

GH 为（　　）线　$\alpha=$　$\beta=$　$\gamma=$

7. 已知 $AB/\!/V$ 面及 a、a'，$\alpha=45°$，点 B 在点 A 的左下方 H 面上，求 AB 的投影。

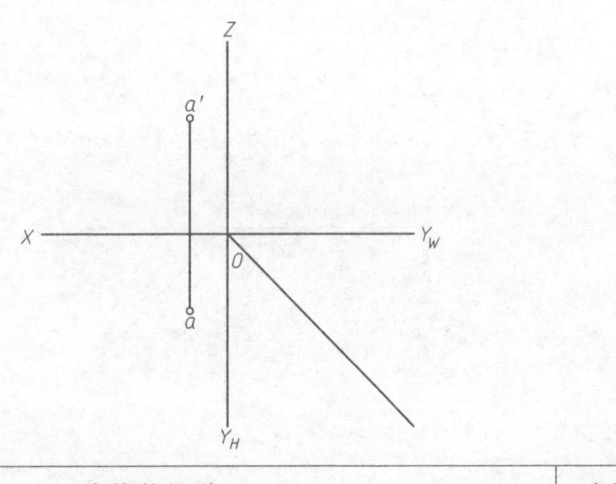

8. 已知 $CD\perp H$ 面，$CD=20\text{mm}$ 以及 c、c'，点 D 在点 C 的正上方，求 CD 的投影。

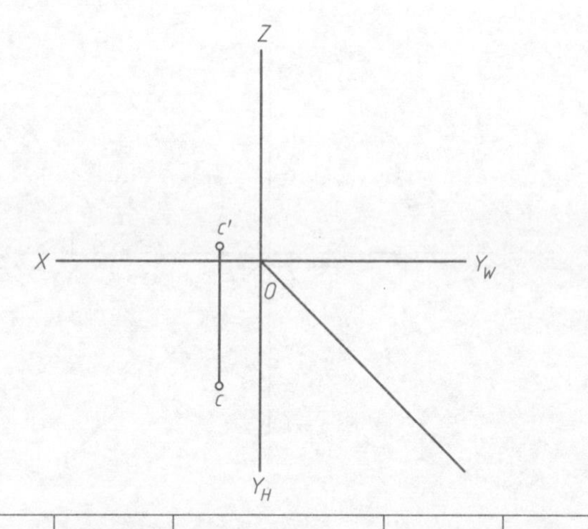

直线的投影（三）	班级		姓名		学号	

9. 已知侧平线 CD，实长为 20mm，$\alpha=30°$，距离 W 面 10mm，且 C 在 X 轴上，作 CD 的三面投影图。

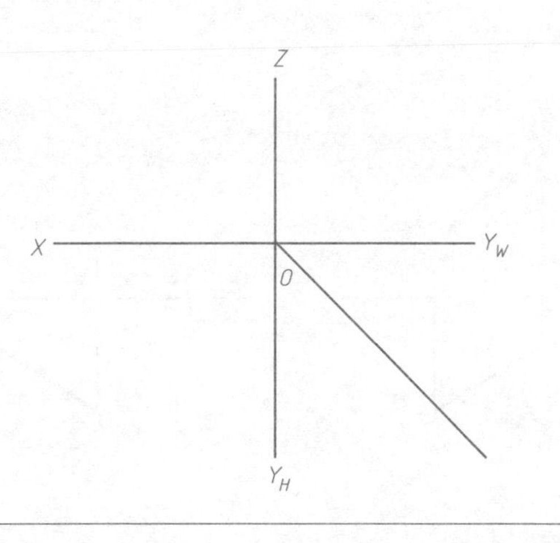

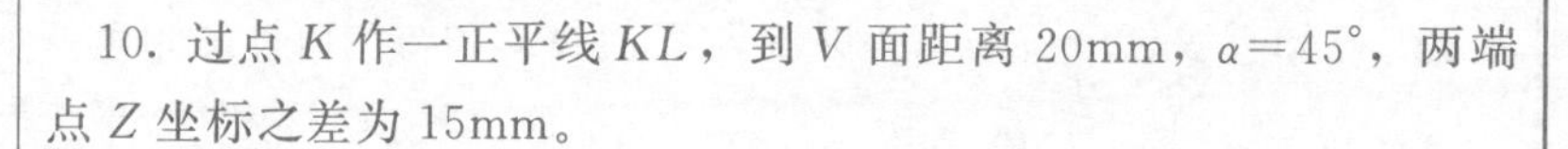

10. 过点 K 作一正平线 KL，到 V 面距离 20mm，$\alpha=45°$，两端点 Z 坐标之差为 15mm。

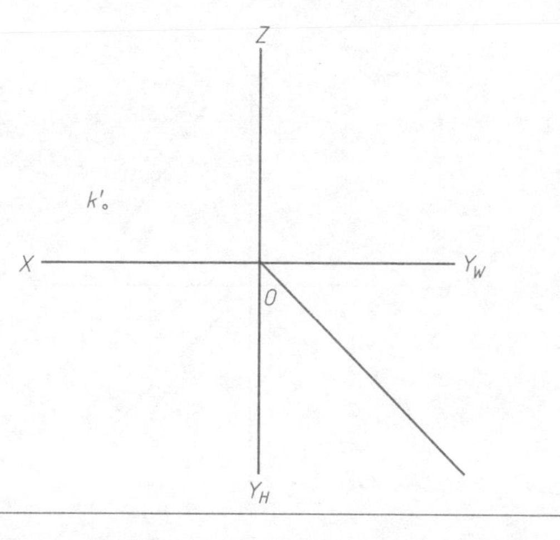

11. 已知点 M（15，10，20）为直线 AB、CD 的交点。AB 为正平线，$\alpha=30°$，长为 25mm；CD 为水平线，$\beta=60°$，长为 20mm，求 AB、CD 的三面投影图。

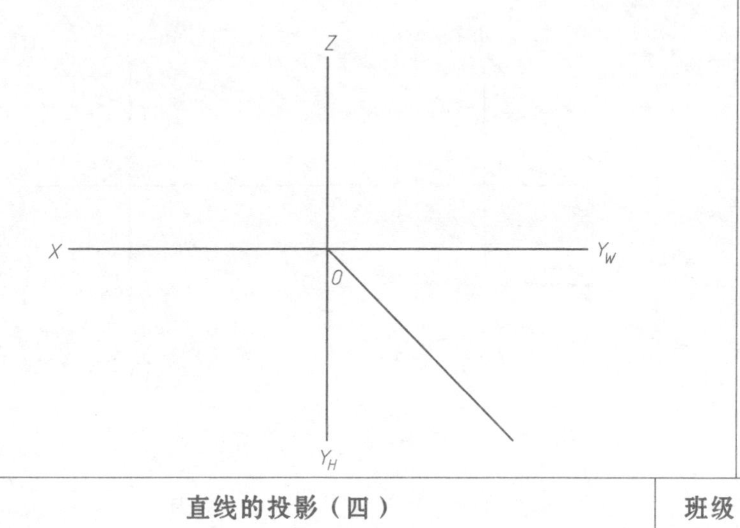

12. 已知直线 MN 平行于 V 面，M、N 距 H 面分别为 10mm 和 20mm，求直线 MN 的三面投影。

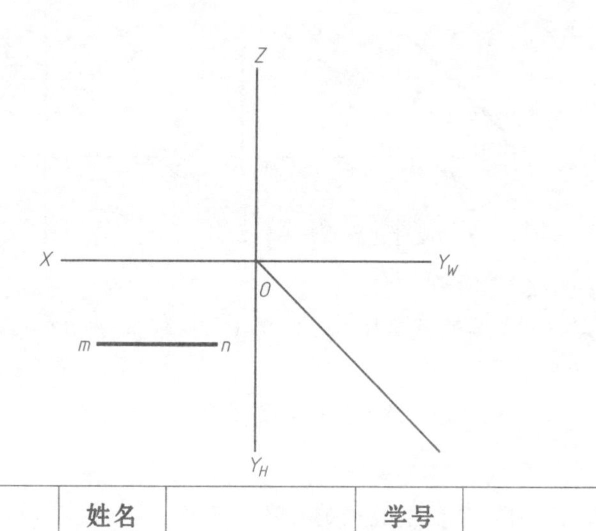

直线的投影（四）	**班级**		**姓名**		**学号**	

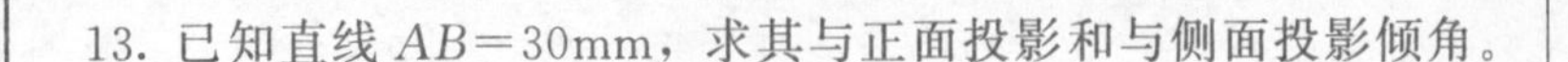

13. 已知直线 $AB=30\text{mm}$，求其与正面投影和与侧面投影倾角。

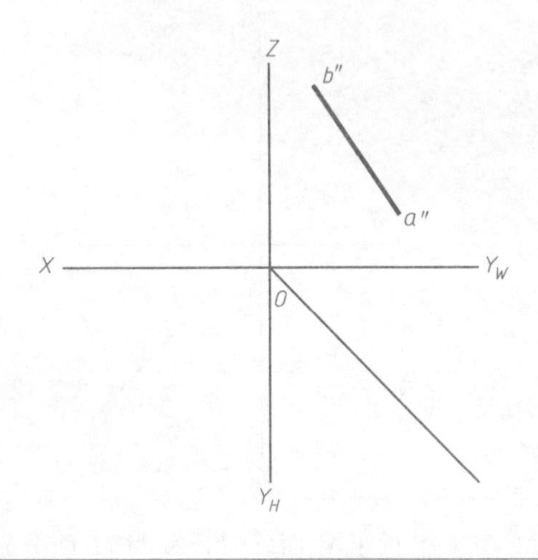

14. （1）求直线 AB 的真长及倾角 α、β。

（2）已知直线 CD 的真长为 20mm，求其正面投影。

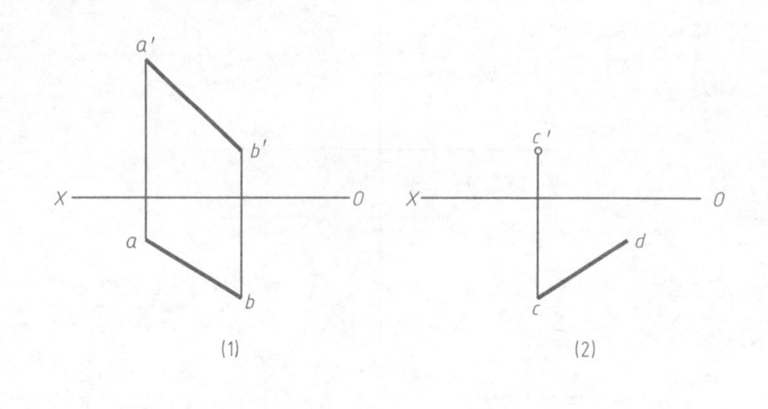

15. 判断点是否在直线上。

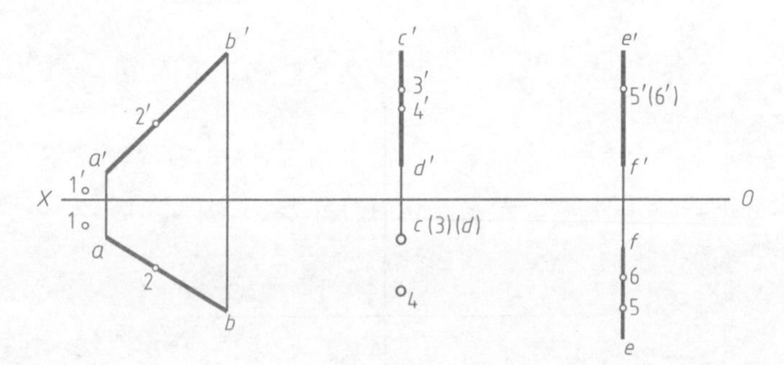

1 点（　　）直线 AB 上；3 点（　　）直线 CD 上；5 点（　　）直线 EF 上

2 点（　　）直线 AB 上；4 点（　　）直线 CD 上；6 点（　　）直线 EF 上

16. 已知点 K 在直线 MN 上，求其另一投影。

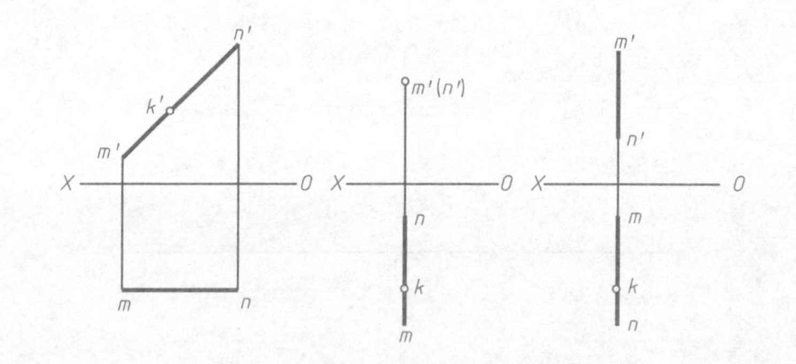

直线的投影（五）	班级		姓名		学号	

17. 已知点 K 在直线 MN 上，且 $MK:KN=3:5$，求 K 点的投影。

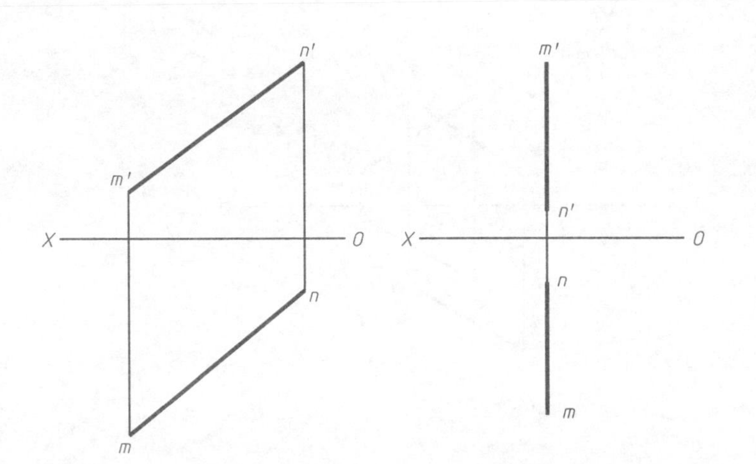

18. 在直线 AB 上求一点 K，使 AK 的真长为 20mm。

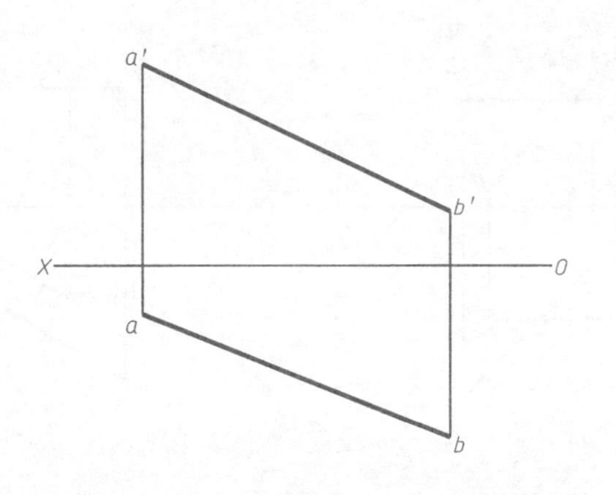

19. 在 AB 上截取一点 K，距 H 面为 10mm。

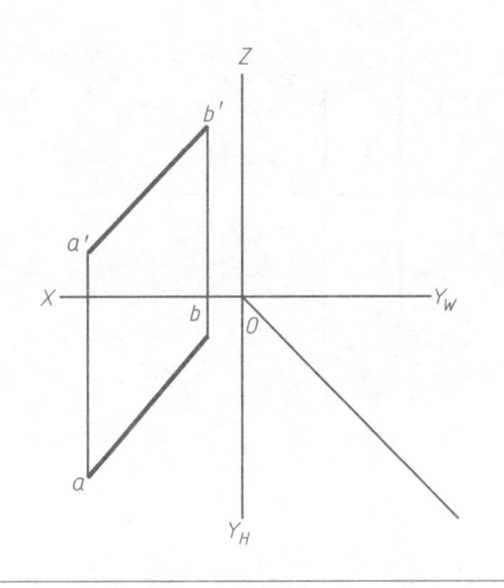

20. 过点 A 作正平线与直线 CD 相交。

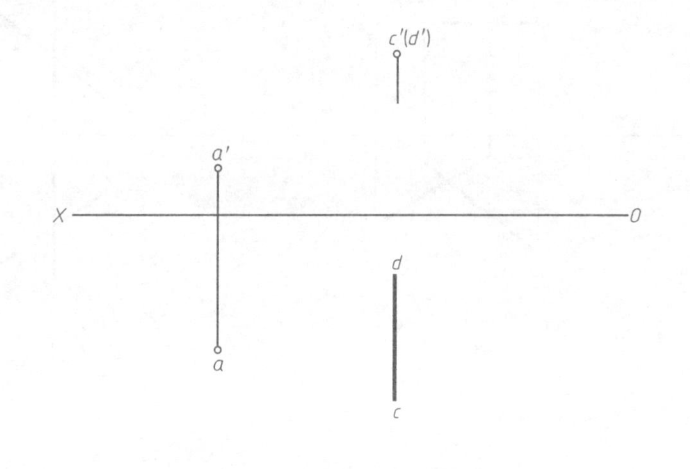

直线的投影（六）	班级		姓名		学号	

21. 判断两直线的相对位置（平行、相交、交叉）。

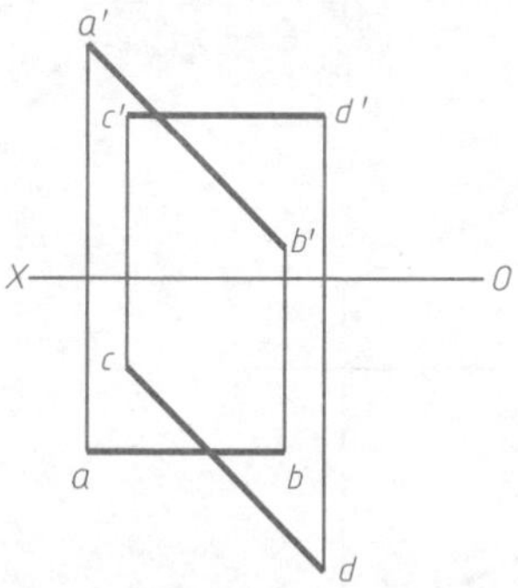

（　　）　（　　）　（　　）

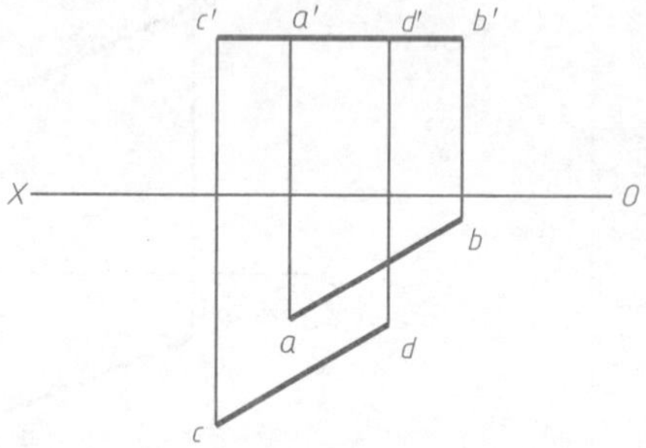

（　　）　（　　）　（　　）　（　　）

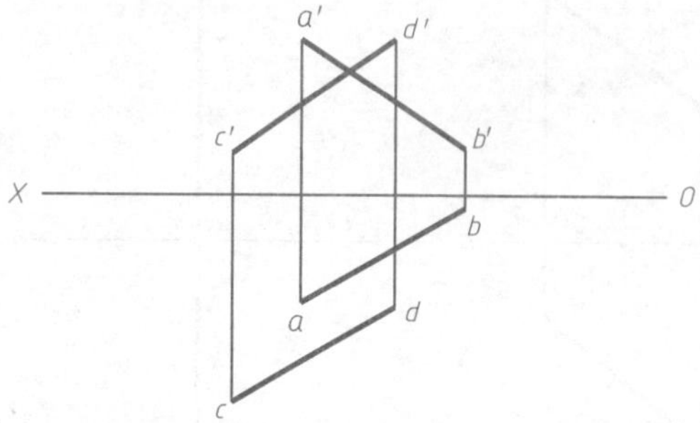

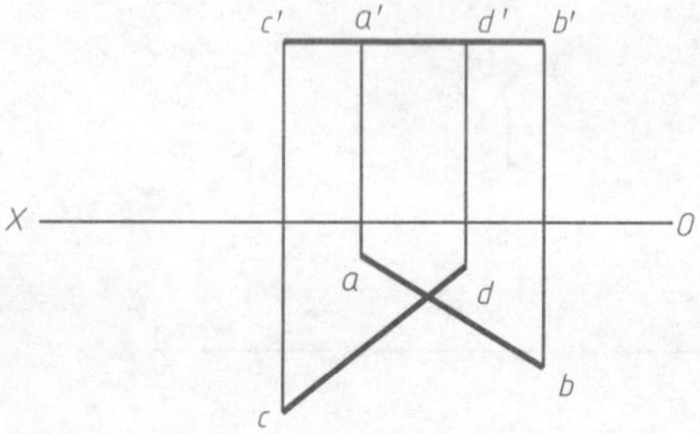

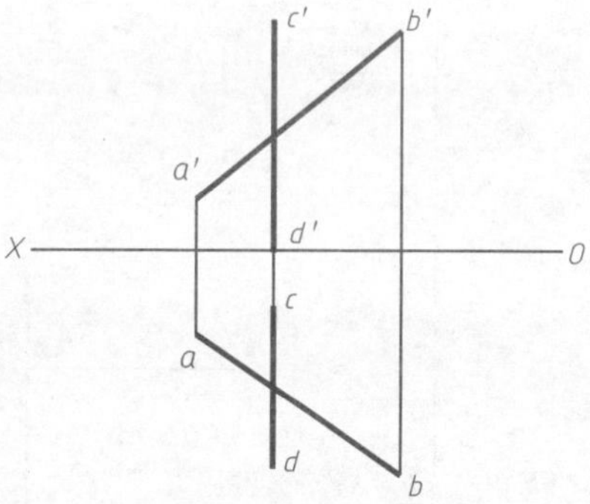

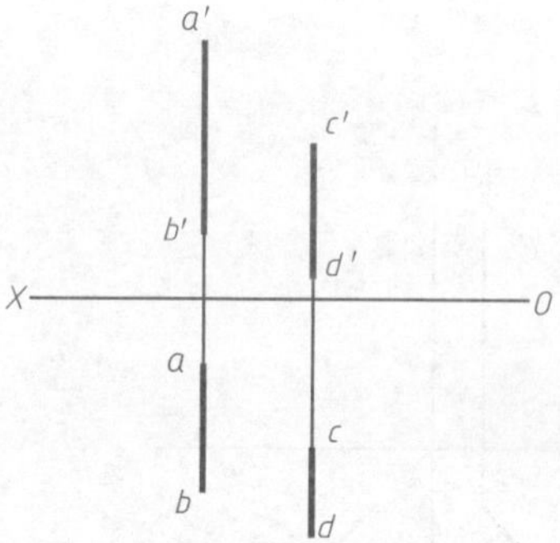

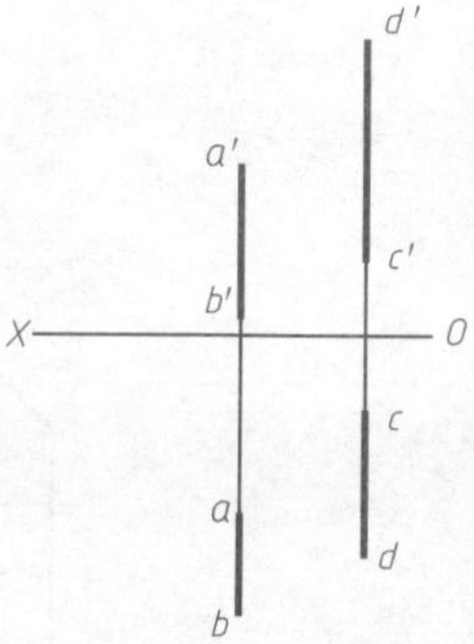

直线的投影（七）	班级		姓名		学号	

22. 作一水平直线 MN 与 H 面相距 20mm，并与 AB、CD 相交。

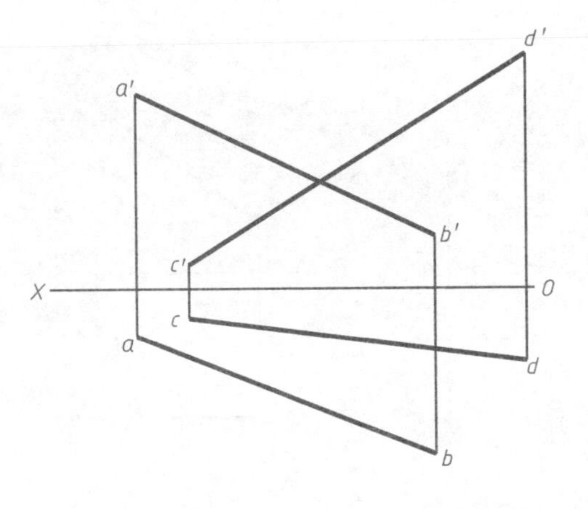

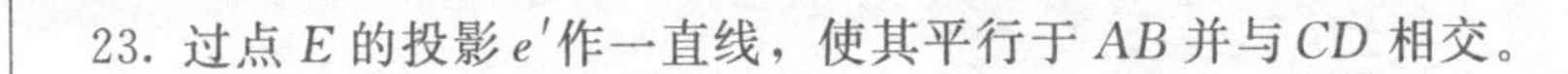
23. 过点 E 的投影 e' 作一直线，使其平行于 AB 并与 CD 相交。

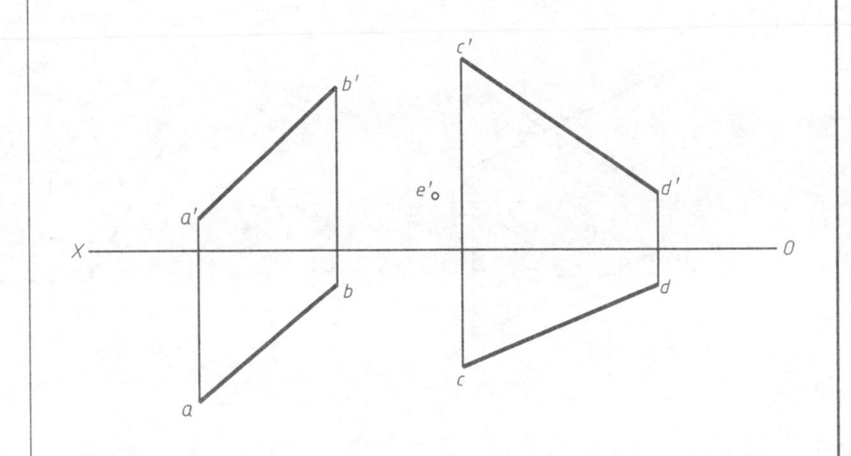

24. 作正平线与下列三直线均相交

(1)

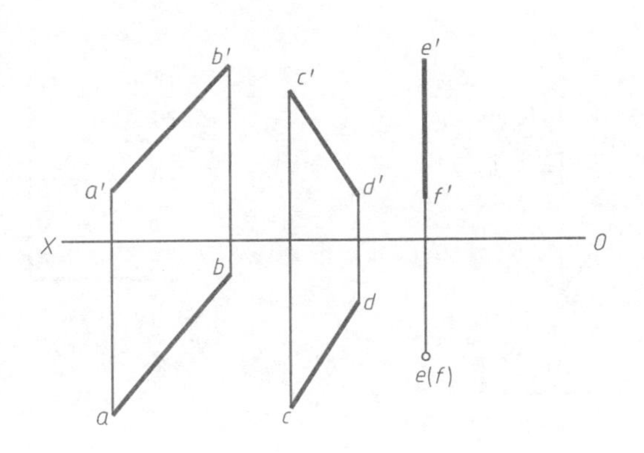

(2)

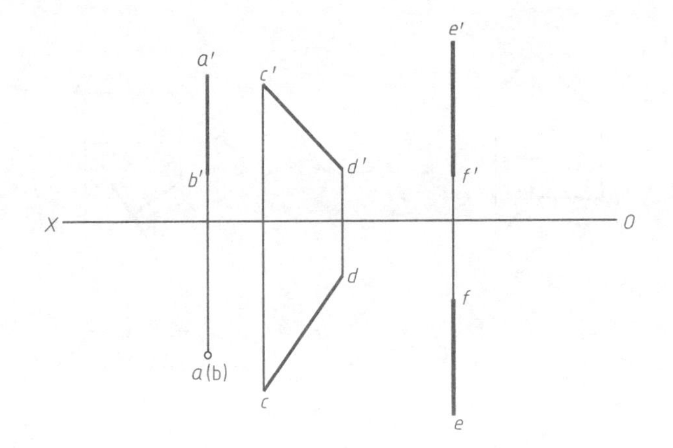

直线的投影（八）	班级		姓名		学号	

25. 判别下列两交叉直线重影点的可见性。

(1)

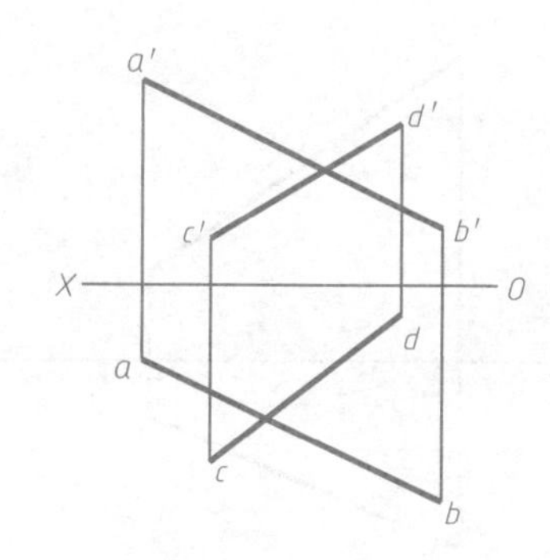

(2)

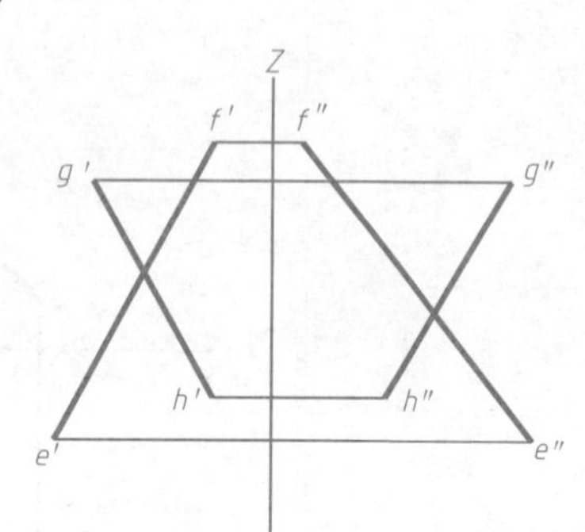

26. 求点 C 到直线 AB 的距离。

27. 判别下列两直线是否垂直。

(1)

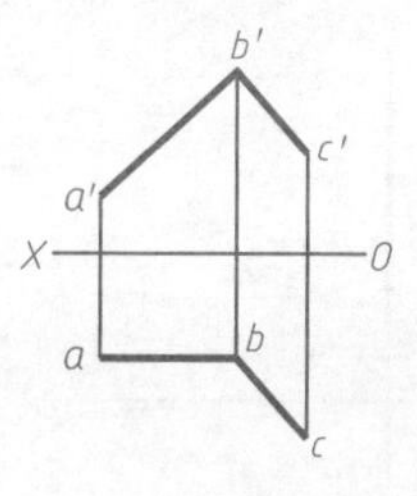

______

(2)

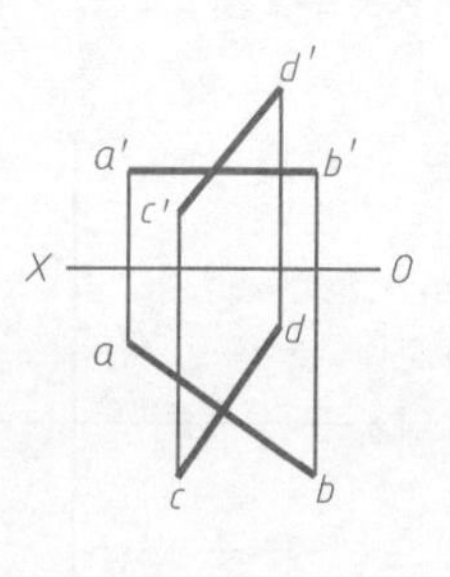

______

(3)

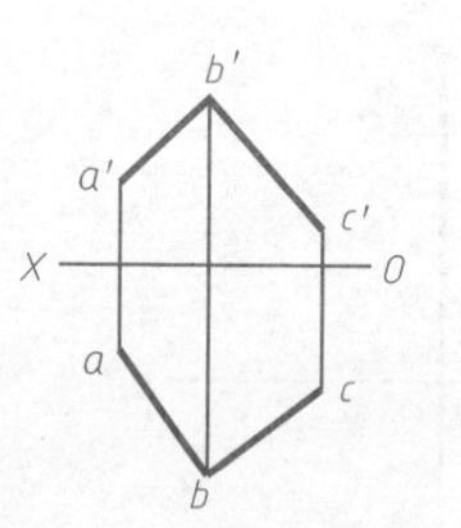

______

(4)

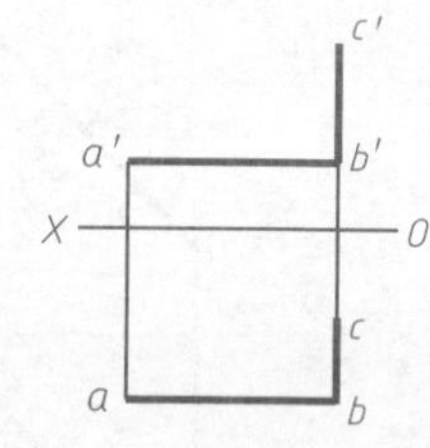

______

直线的投影（九）	班级		姓名		学号	

28. 作直线 MN，使它与直线 AB 平行，并与直线 CD、EF 都相交。

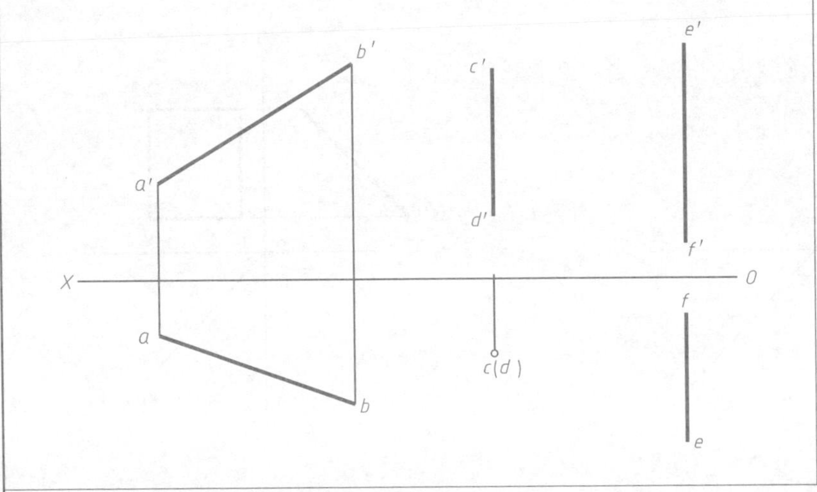

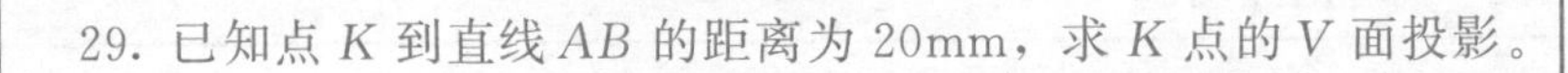

29. 已知点 K 到直线 AB 的距离为 20mm，求 K 点的 V 面投影。

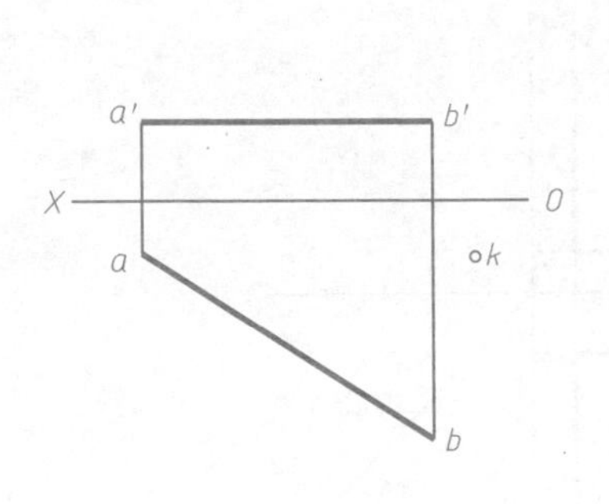

30. 求直线 AB 与 CD 之间的距离。

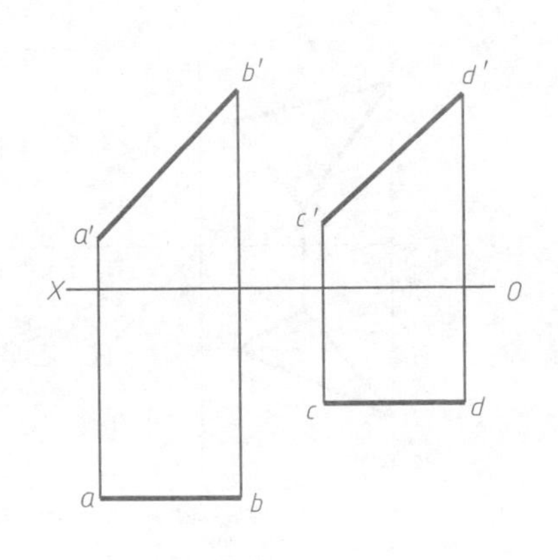

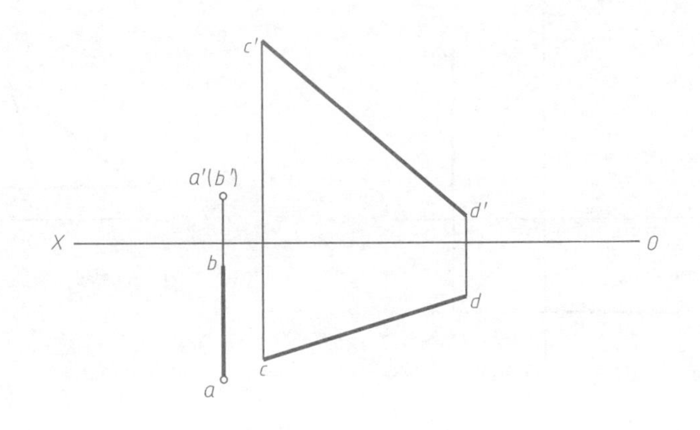

直线的投影（十）	班级		姓名		学号	

2-3 平面的投影

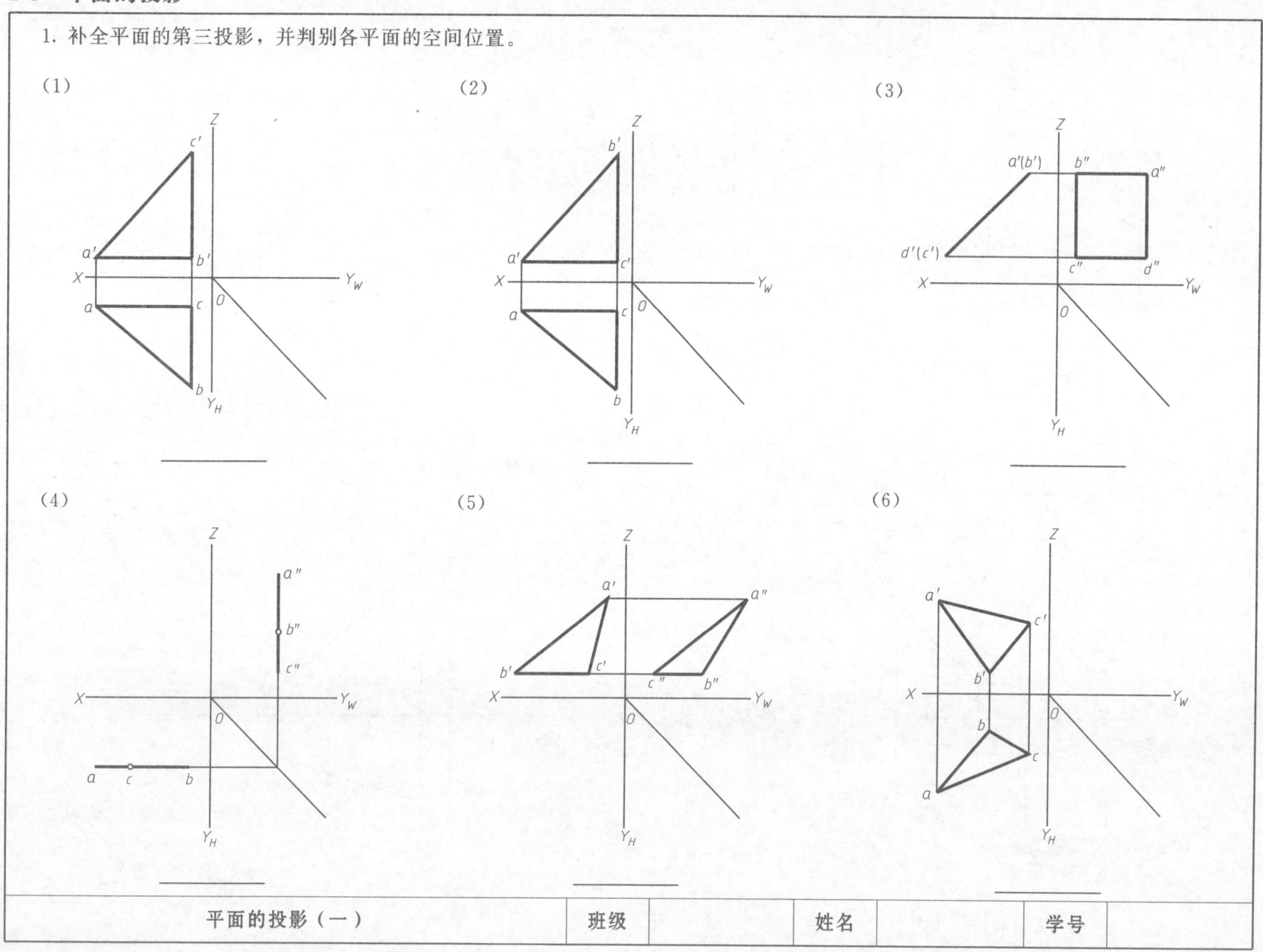
1. 补全平面的第三投影，并判别各平面的空间位置。
(1)
Z
c'
a'
b'
X
Y_W
a
c
O
b
Y_H
(2)
Z
b'
a'
c'
X
Y_W
a
c
O
b
Y_H
(3)
Z
a'(b')
b"
a"
d'(c')
c"
d"
X
Y_W
O
Y_H
(4)
Z
a"
b"
c"
X
Y_W
O
a
c
b
Y_H
(5)
Z
a'
a"
b'
c'
c"
b"
X
Y_W
O
Y_H
(6)
Z
a'
c'
b'
X
Y_W
O
b
c
a
Y_H
平面的投影（一）
班级
姓名
学号

2. 根据题中已知条件，包含直线 AB 作平面图形。

(1) 作等边三角形 ABC 平行于 H 面。

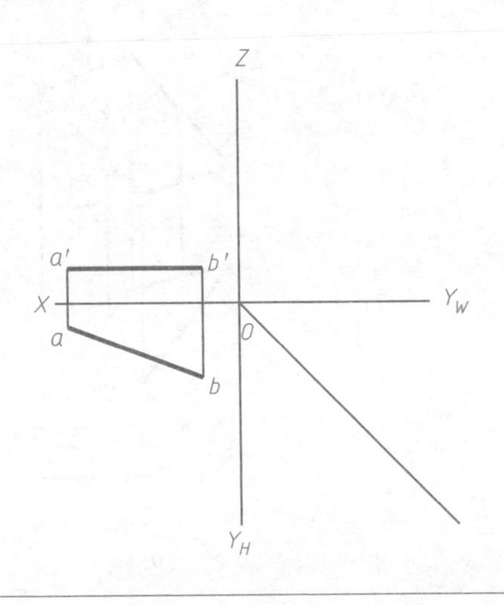

(2) 以 AB 为对角线作正方形垂直于 W 面。

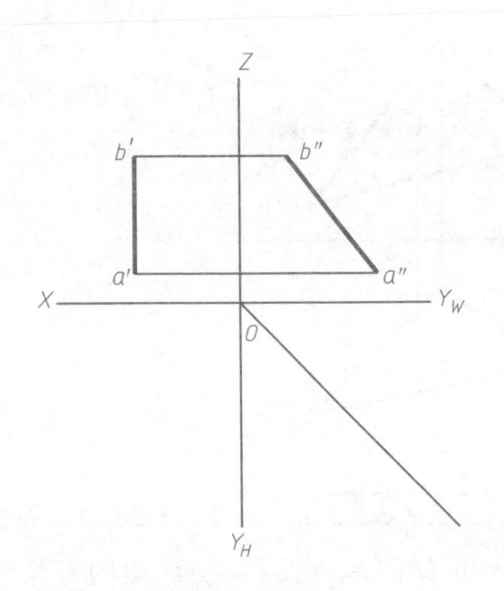

3. 根据各题中已知投影条件，包含直线 AB 作迹线平面。

(1)

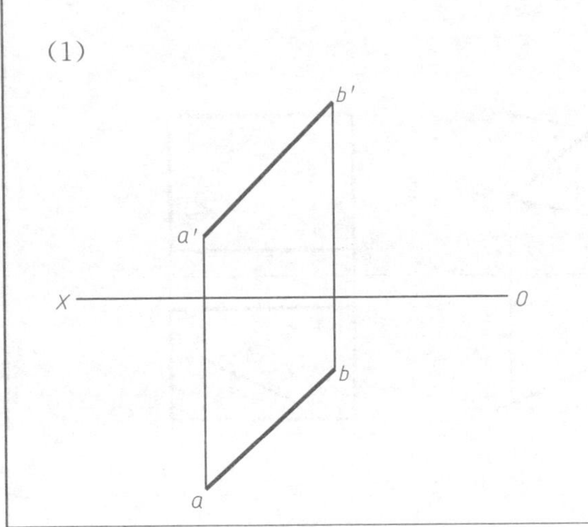

(2)

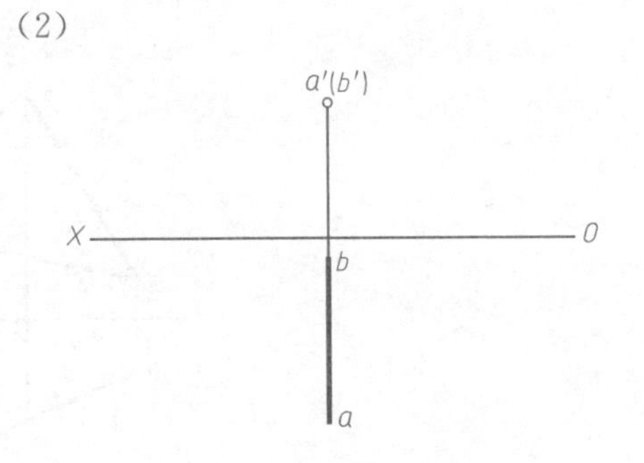

(3)

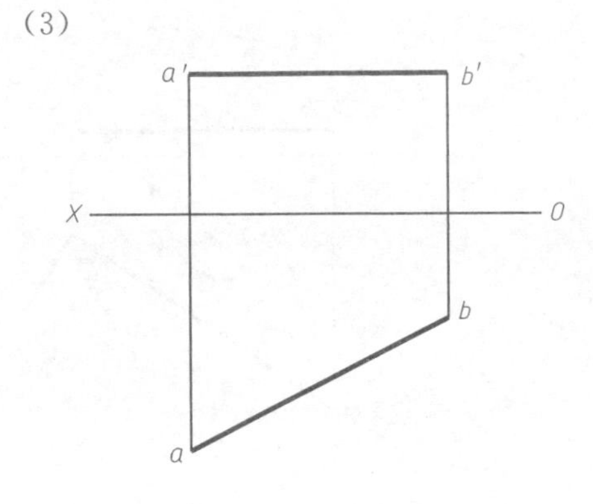

平面的投影（二）	班级		姓名		学号	

4. 判断 A、B 两点是否在下列平面上。

(1)

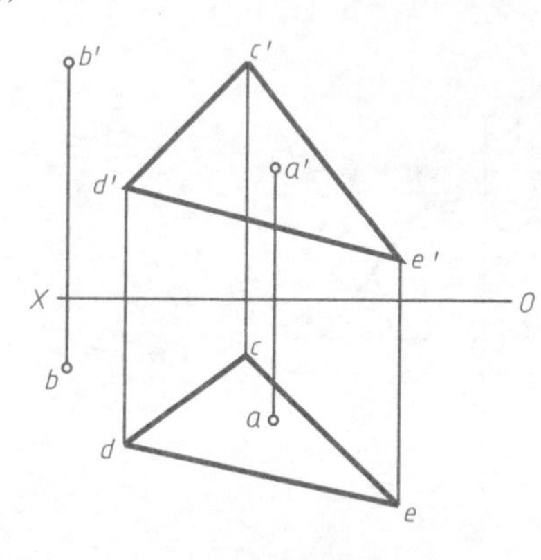

(2)

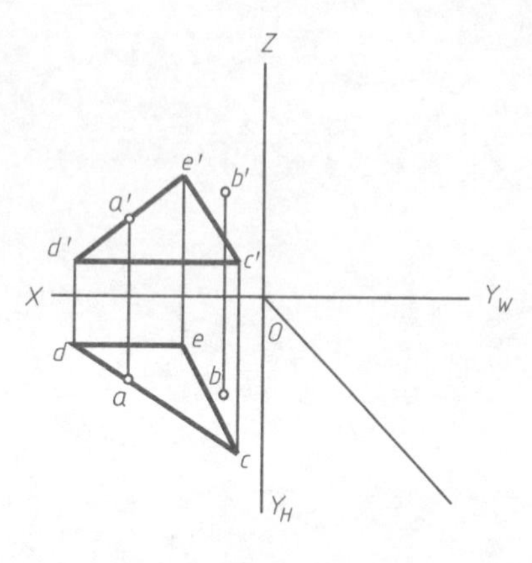

(3)

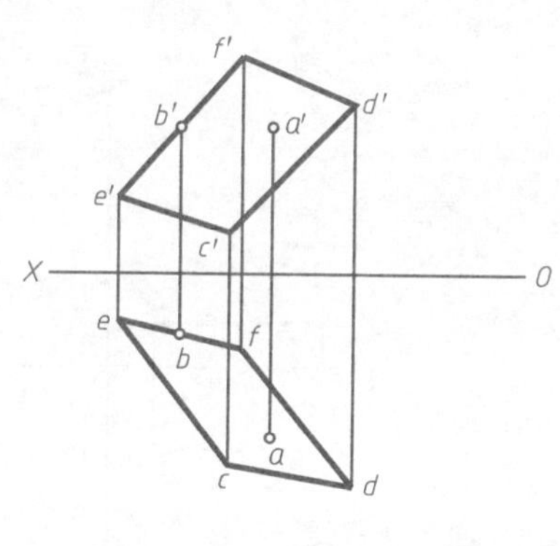

5. 已知矩形 $ABCD$ 的部分投影，AD 边的真长为 25mm，完成其两面投影。

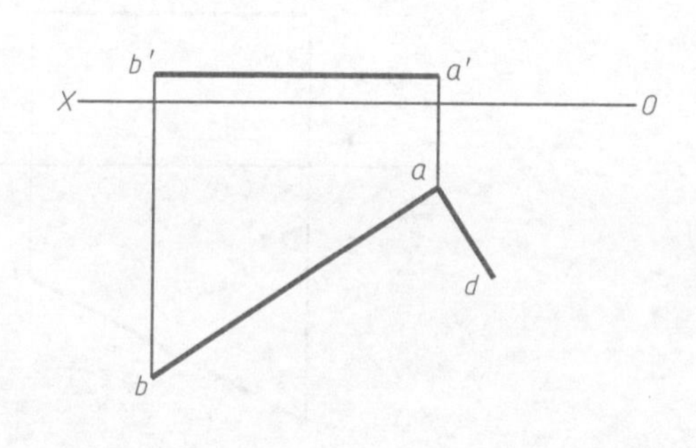

6. 已知点和直线在平面上，完成另一投影。

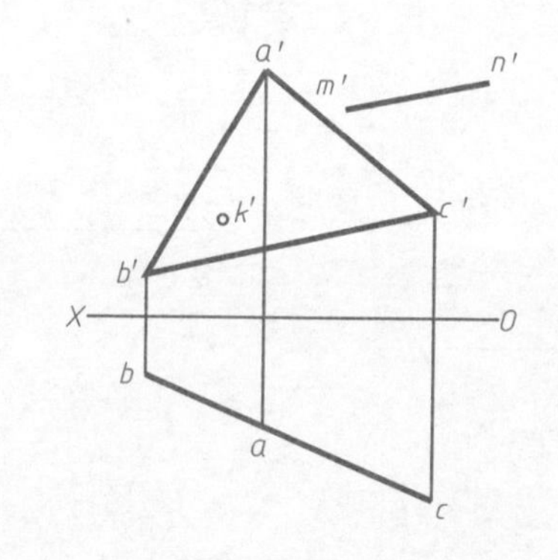

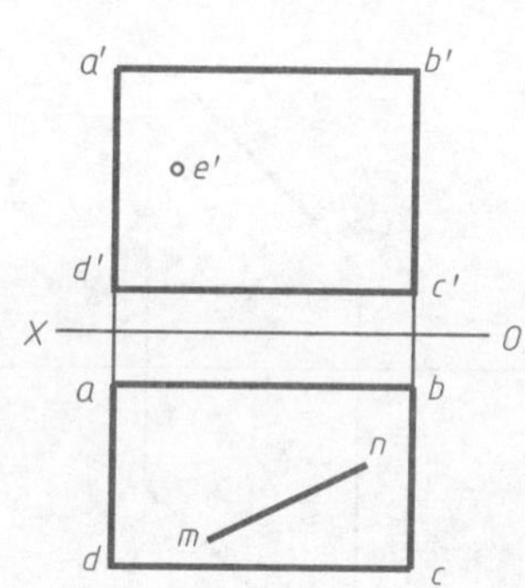

平面的投影（三）	班级		姓名		学号	

7. 完成平面五边形的正面投影。

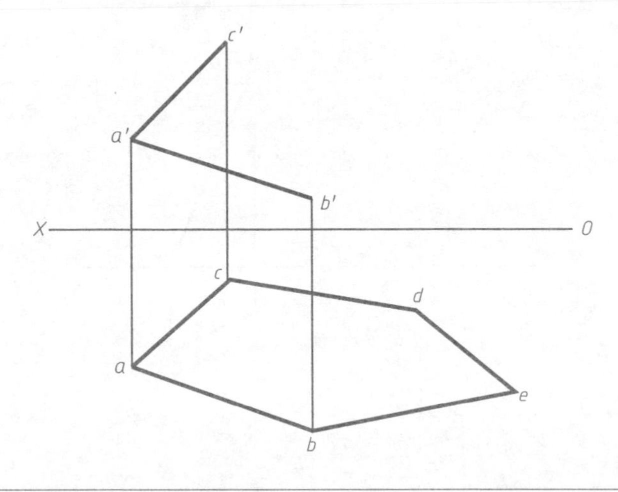

8. 已知正方形 $ABCD$ 为正垂面，其对角线为 AC，完成该正方形的投影图。

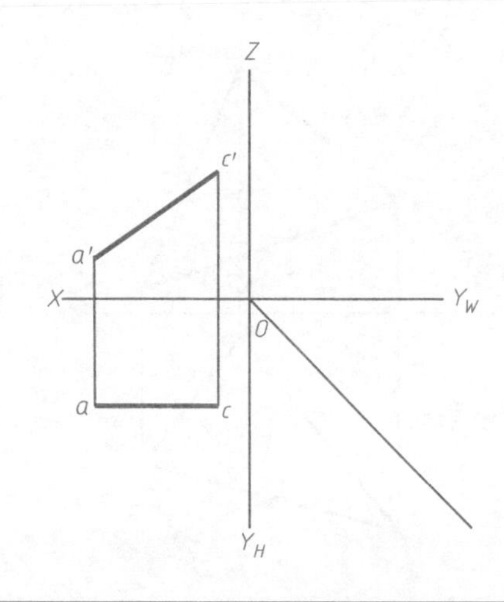

9. 在三角形 ABC 内取一点 K，距 H 面、V 面均为 15mm。

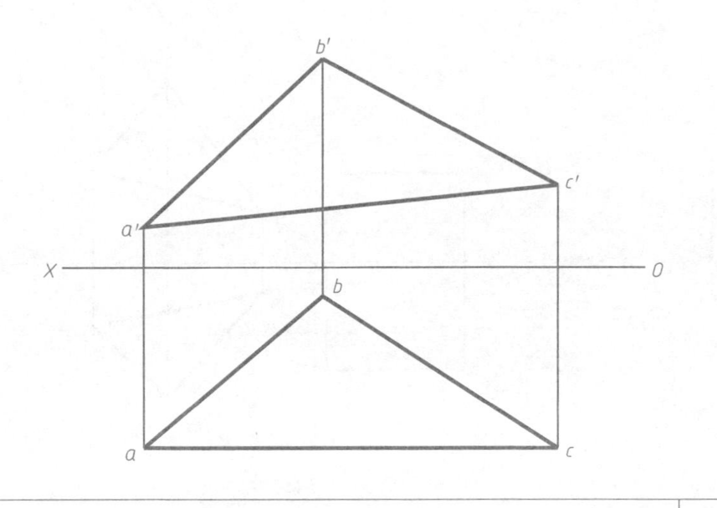

10. 已知直线 CD 在三角形 ABC 平面内，求 CD 的正面投影。

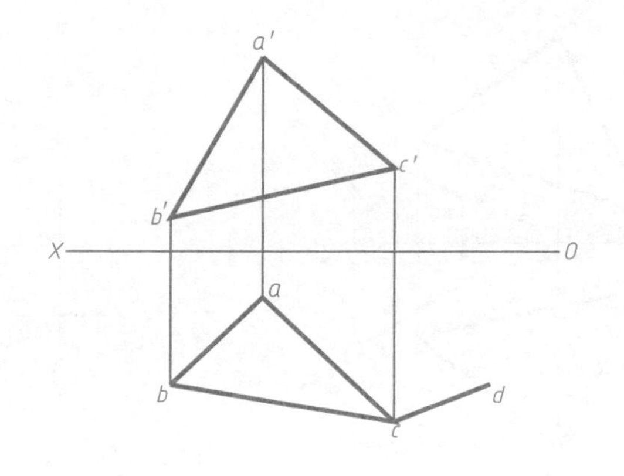

平面的投影（四）	班级		姓名		学号	

11. 在平面内过 A 点作一水平线 AD 和距 V 面为 20mm 的正平线 EF。

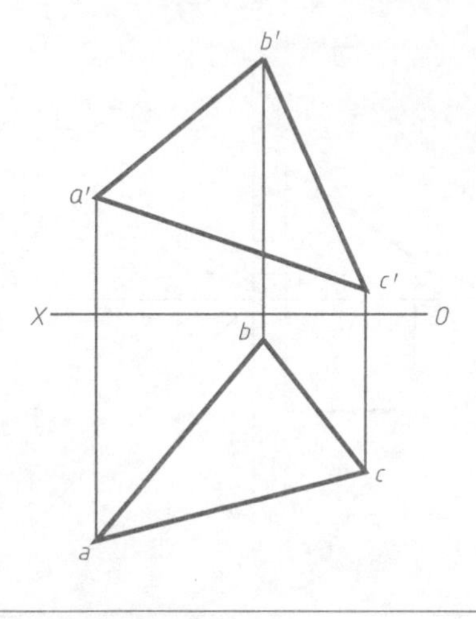

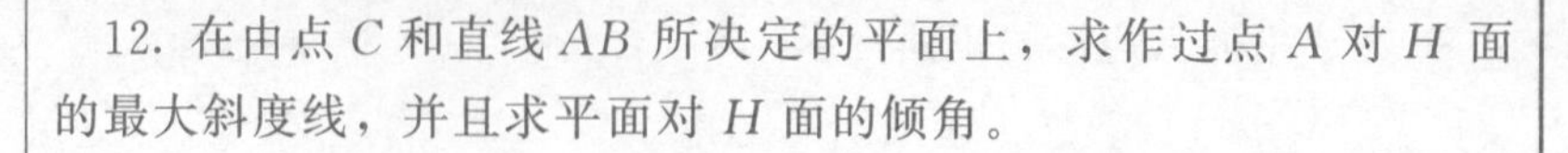
12. 在由点 C 和直线 AB 所决定的平面上，求作过点 A 对 H 面的最大斜度线，并且求平面对 H 面的倾角。

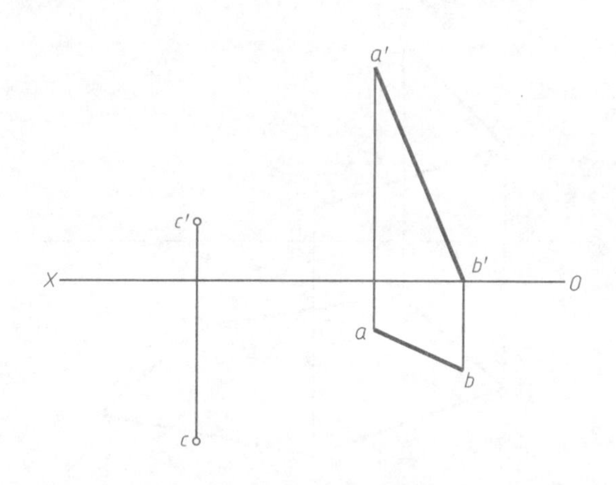

13. 判断下列直线与平面是否平行。

(1)

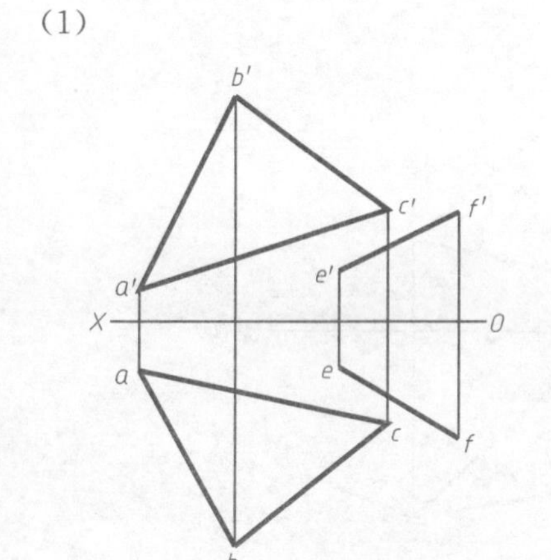

(2)

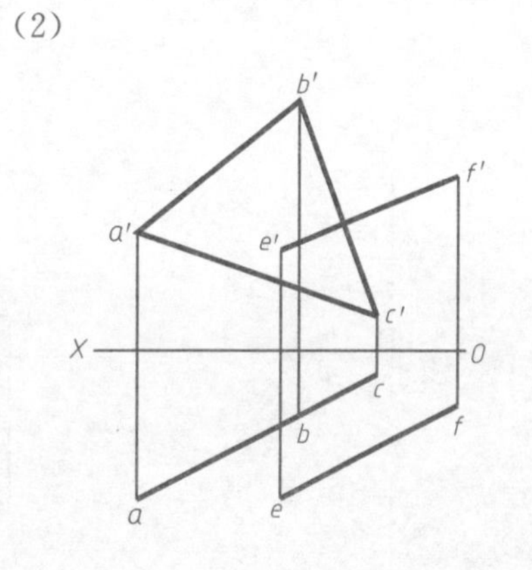

(3)

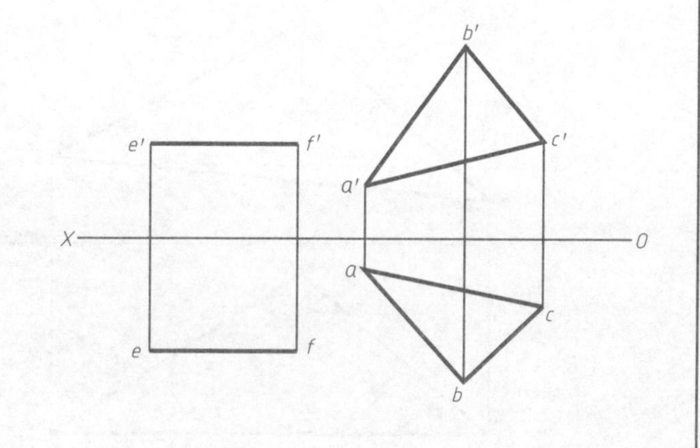

平面的投影（五）	班级		姓名		学号	

2-4 直线与平面、平面与平面的相对位置

1. 判断下列两平面是否平行。

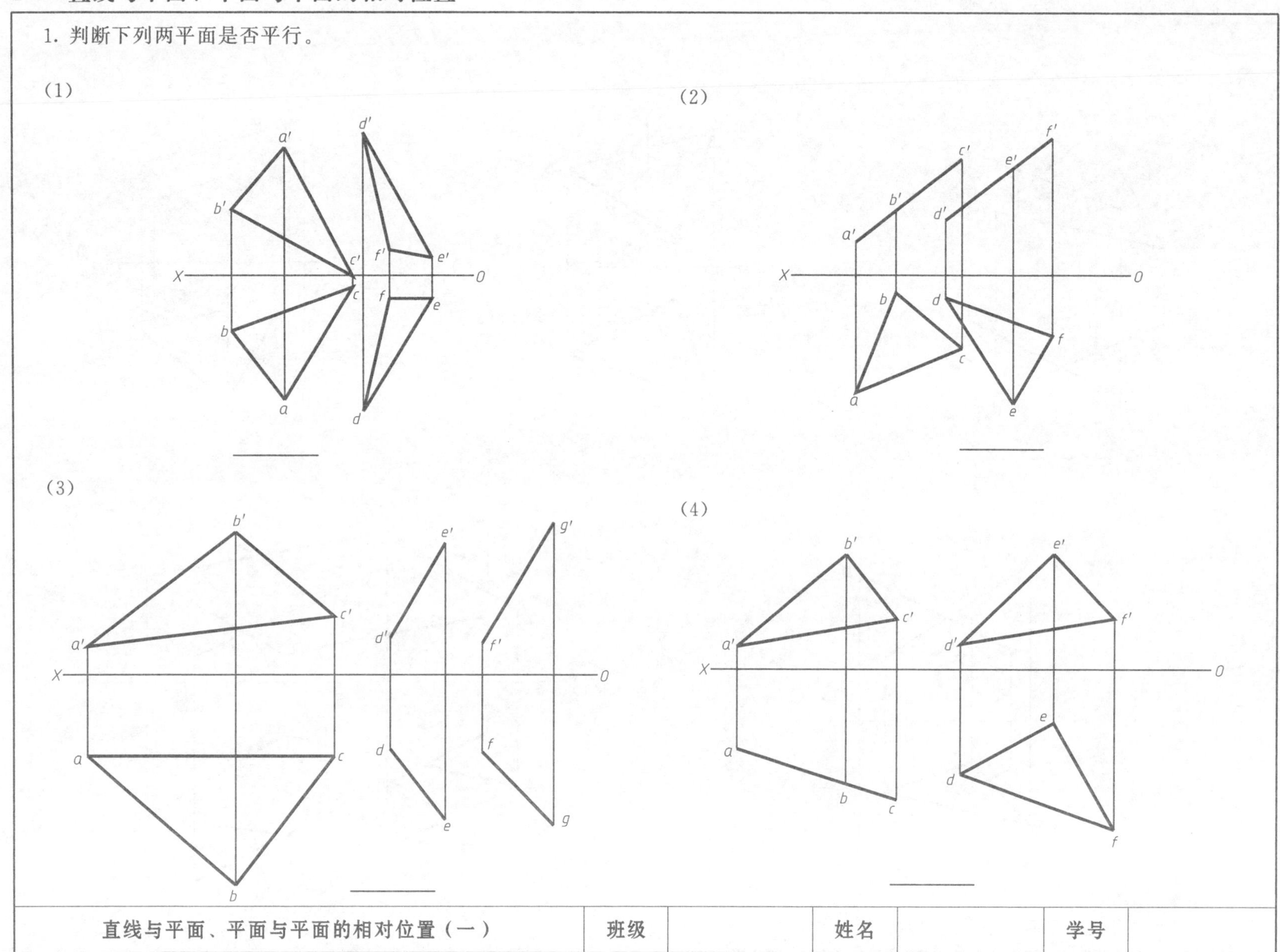

直线与平面、平面与平面的相对位置（一）	班级		姓名		学号	

2. 求直线与平面的交点，并判别可见性。

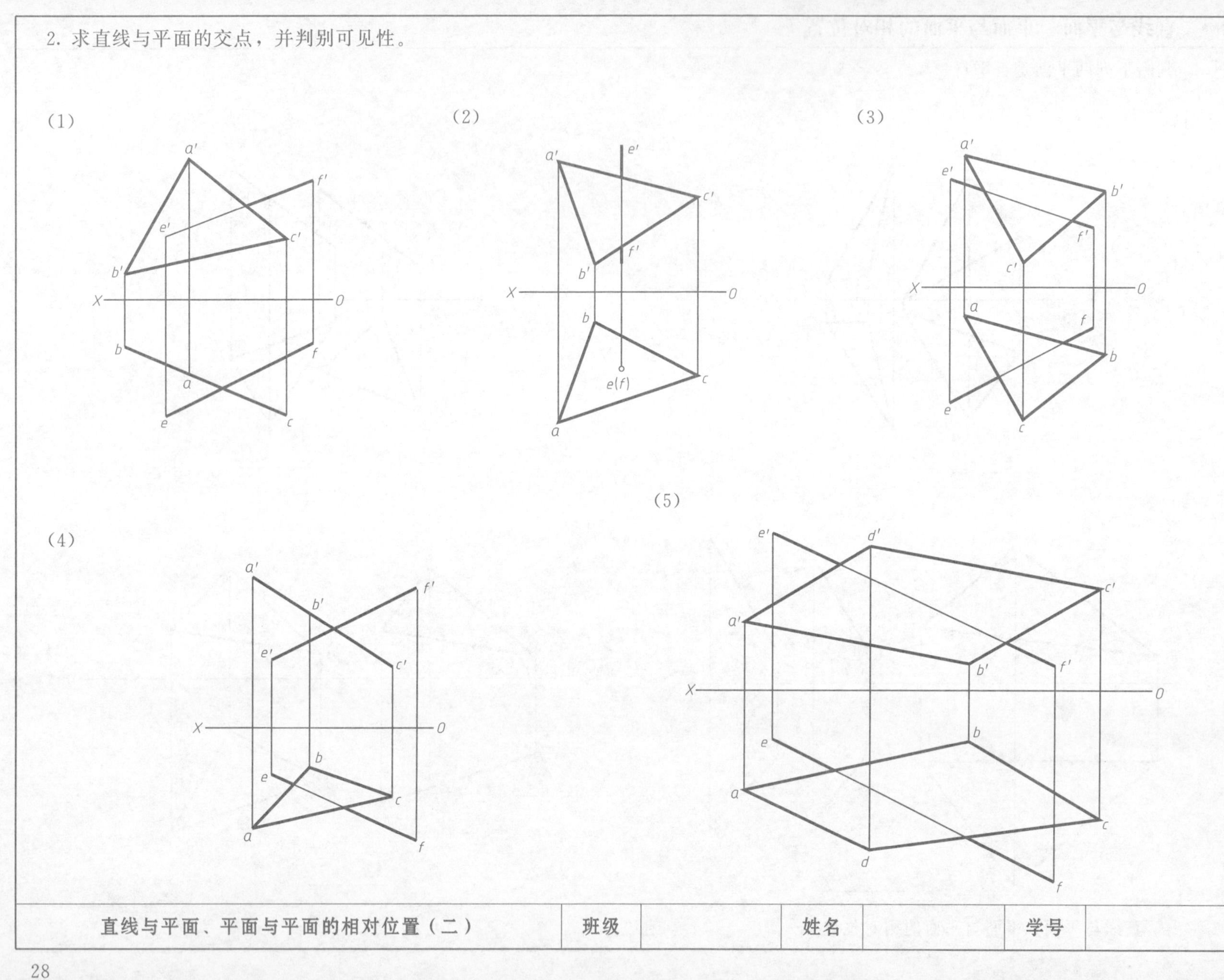

直线与平面、平面与平面的相对位置（二）	班级		姓名		学号	

3. 求两平面的交线，并判别可见性。

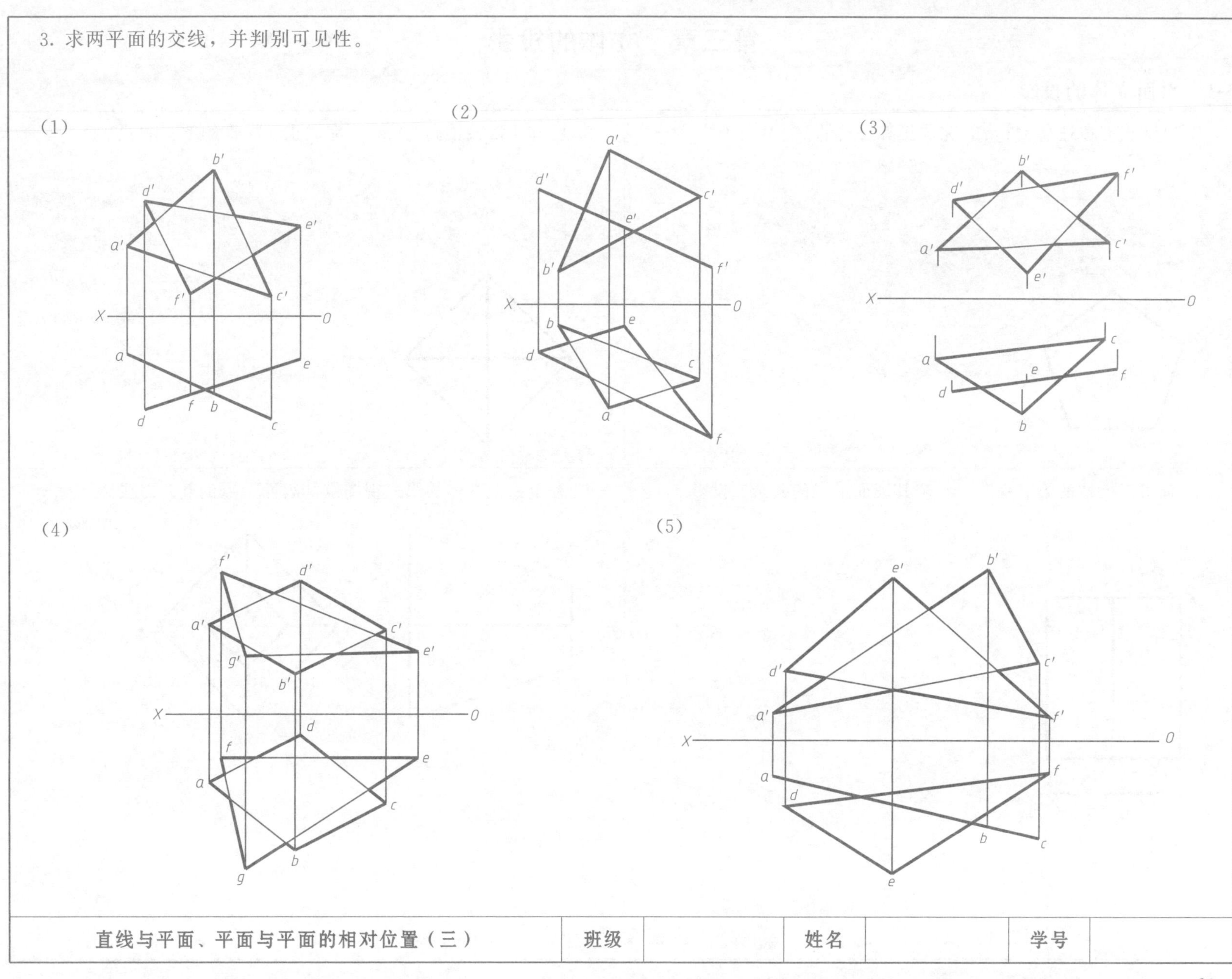

直线与平面、平面与平面的相对位置（三）	班级		姓名		学号	

第三章　立体的投影

3-1　平面立体的投影

1. 已知正五棱柱高 15mm，完成正五棱柱的 V、W 投影。

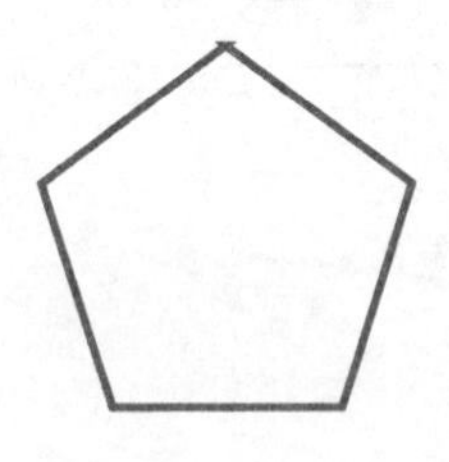

2. 已知正四棱锥高 20mm，完成正四棱锥的 V、W 投影。

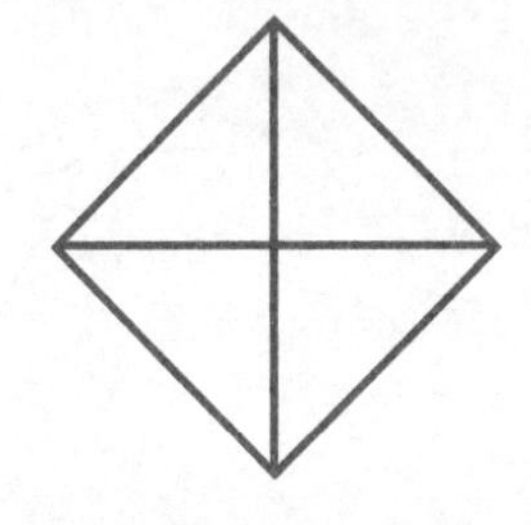

3. 画出三棱柱的第三视图，补全其表面上点的其余二投影。

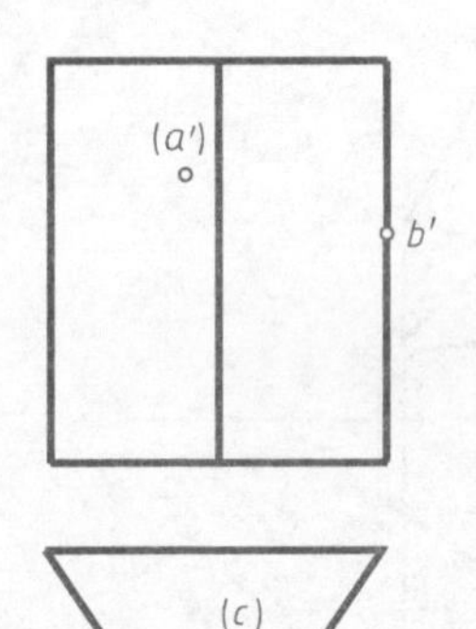

4. 补全图上立体的第三视图及其表面上点的其余二投影。

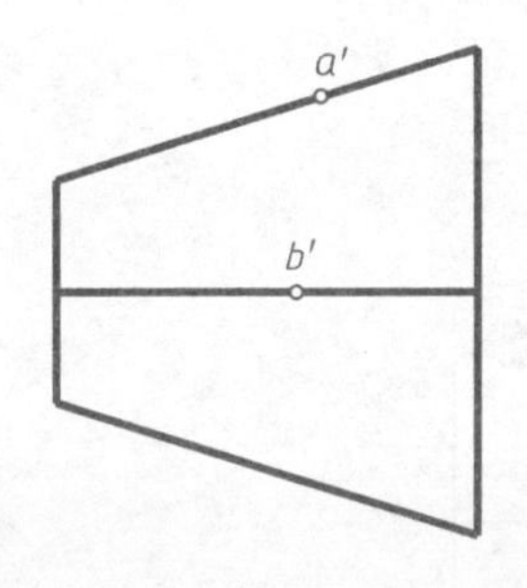

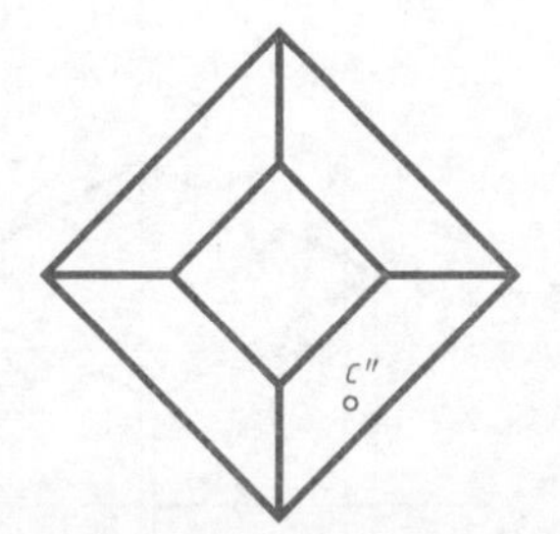

平面立体的投影（一）	班级		姓名		学号	

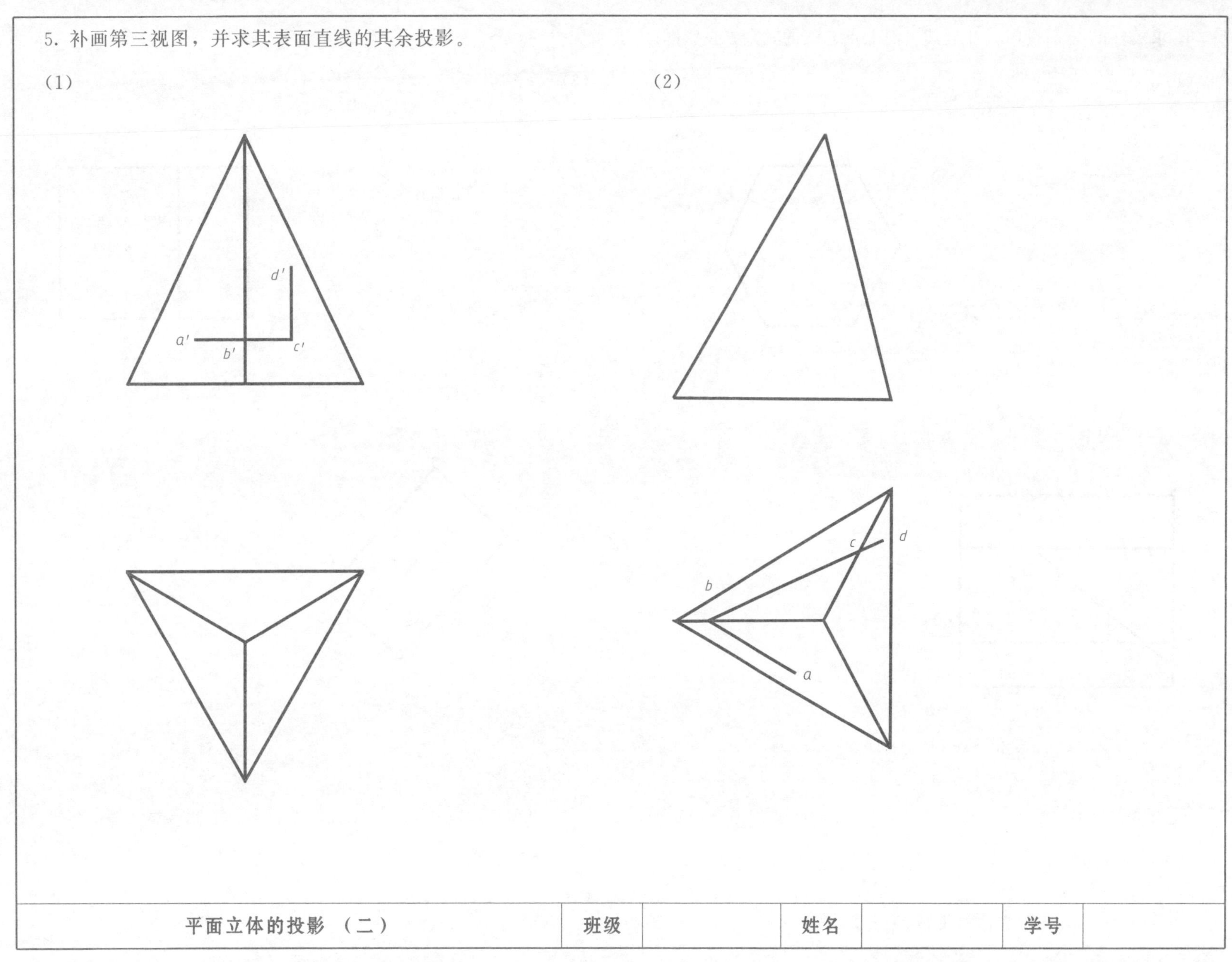
5. 补画第三视图，并求其表面直线的其余投影。
(1)
(2)
d′
a′
b′
c′
c
d
b
a
平面立体的投影 （二）
班级
姓名
学号

6. 求棱柱的 V 面投影，补全其表面上点、线的其余二投影图。

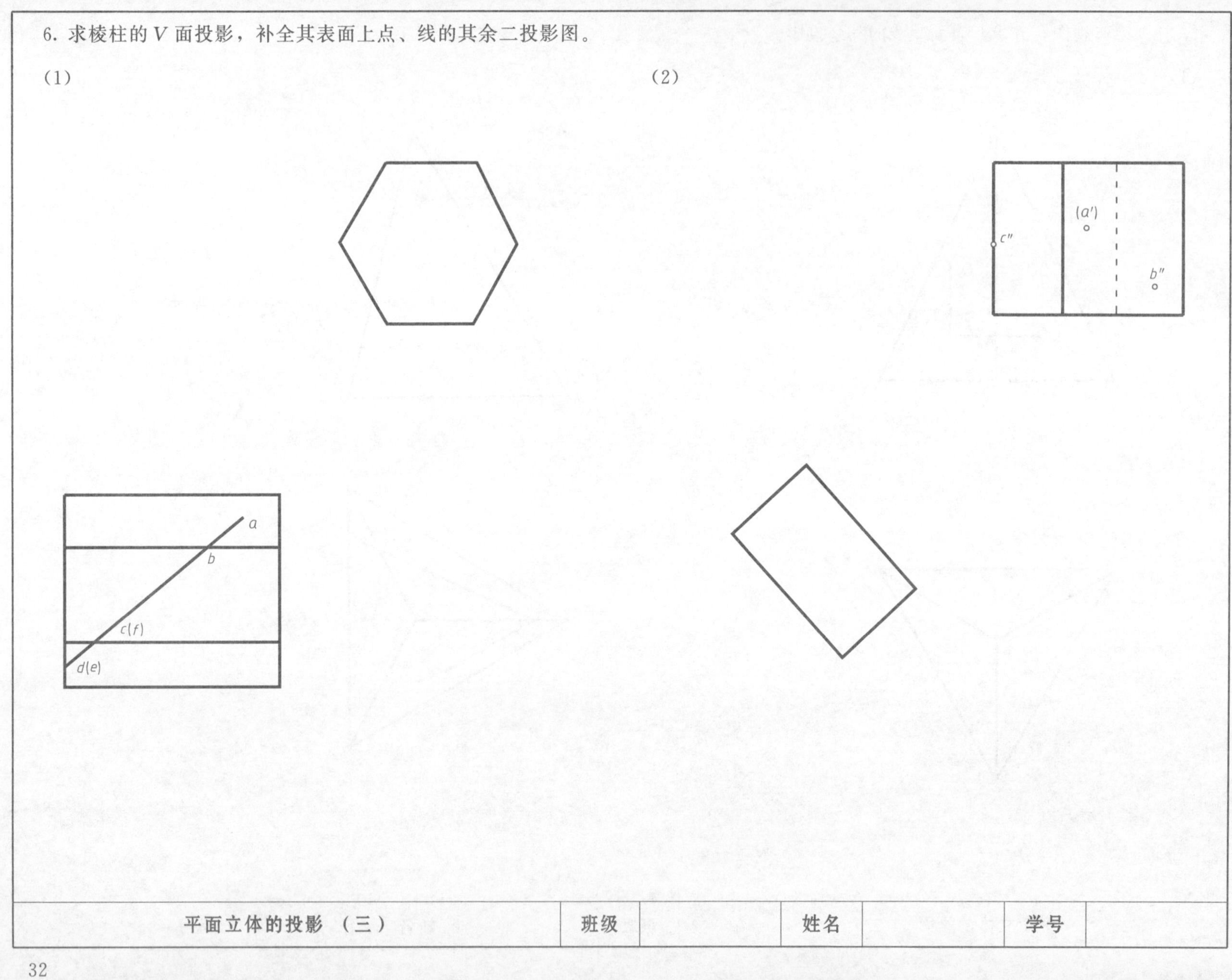

平面立体的投影（三）	班级		姓名		学号	

3-2 曲面立体的投影

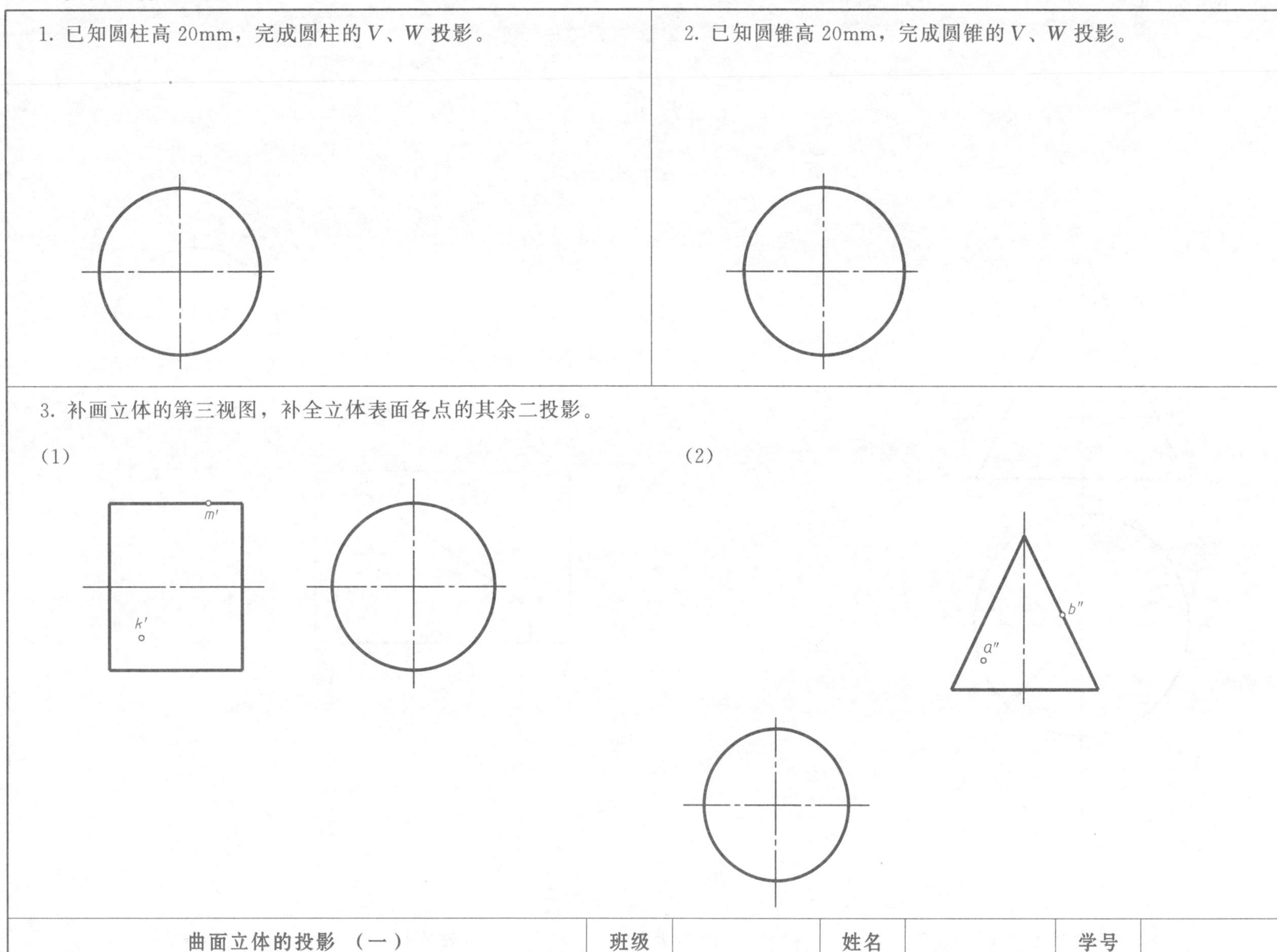

1. 已知圆柱高 20mm，完成圆柱的 V、W 投影。

2. 已知圆锥高 20mm，完成圆锥的 V、W 投影。

3. 补画立体的第三视图，补全立体表面各点的其余二投影。

(1)

(2)

曲面立体的投影（一）	班级		姓名		学号	

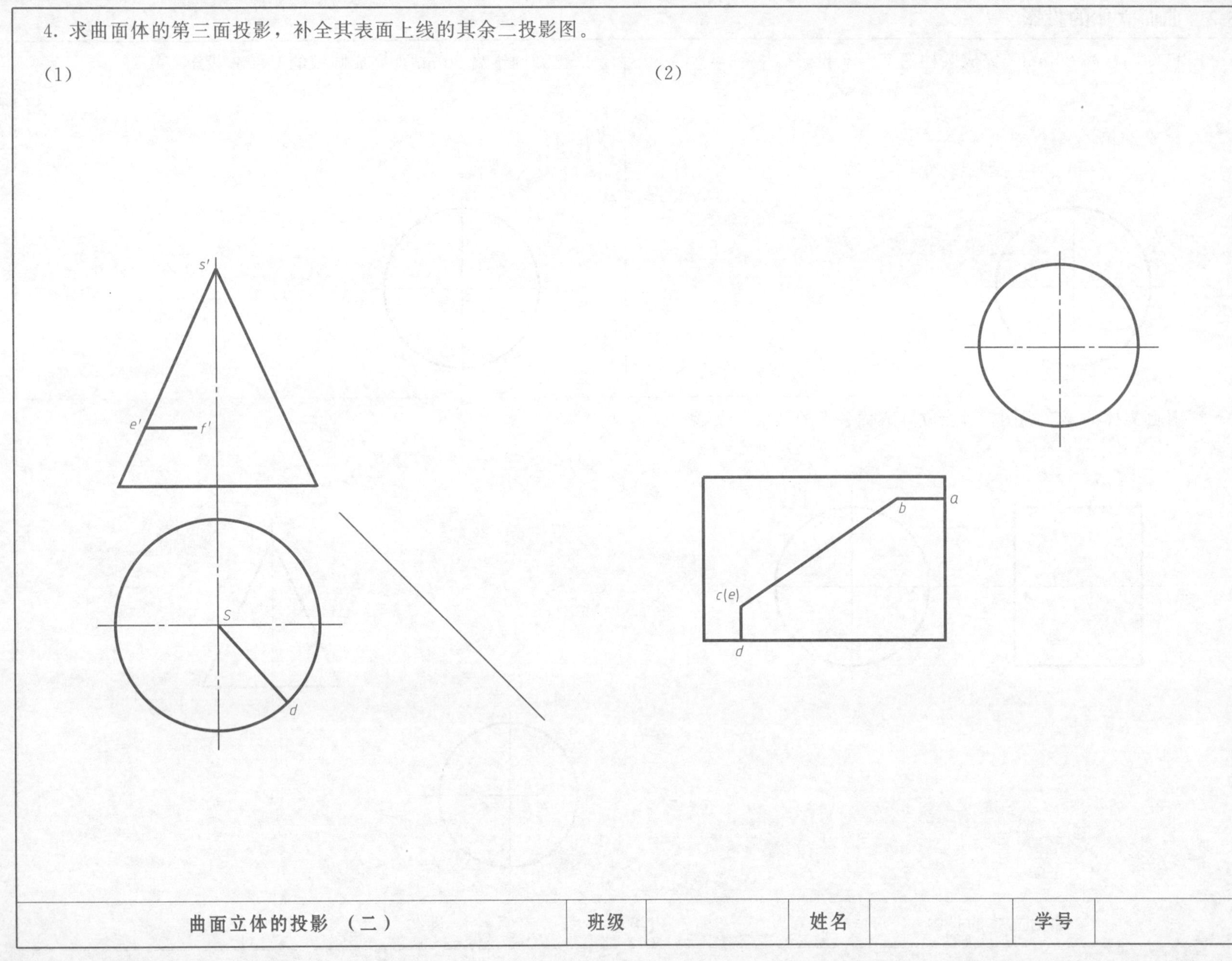
4. 求曲面体的第三面投影，补全其表面上线的其余二投影图。
(1)
(2)
s′
e′
f′
s
d
a
b
c(e)
d
曲面立体的投影 （二）
班级
姓名
学号

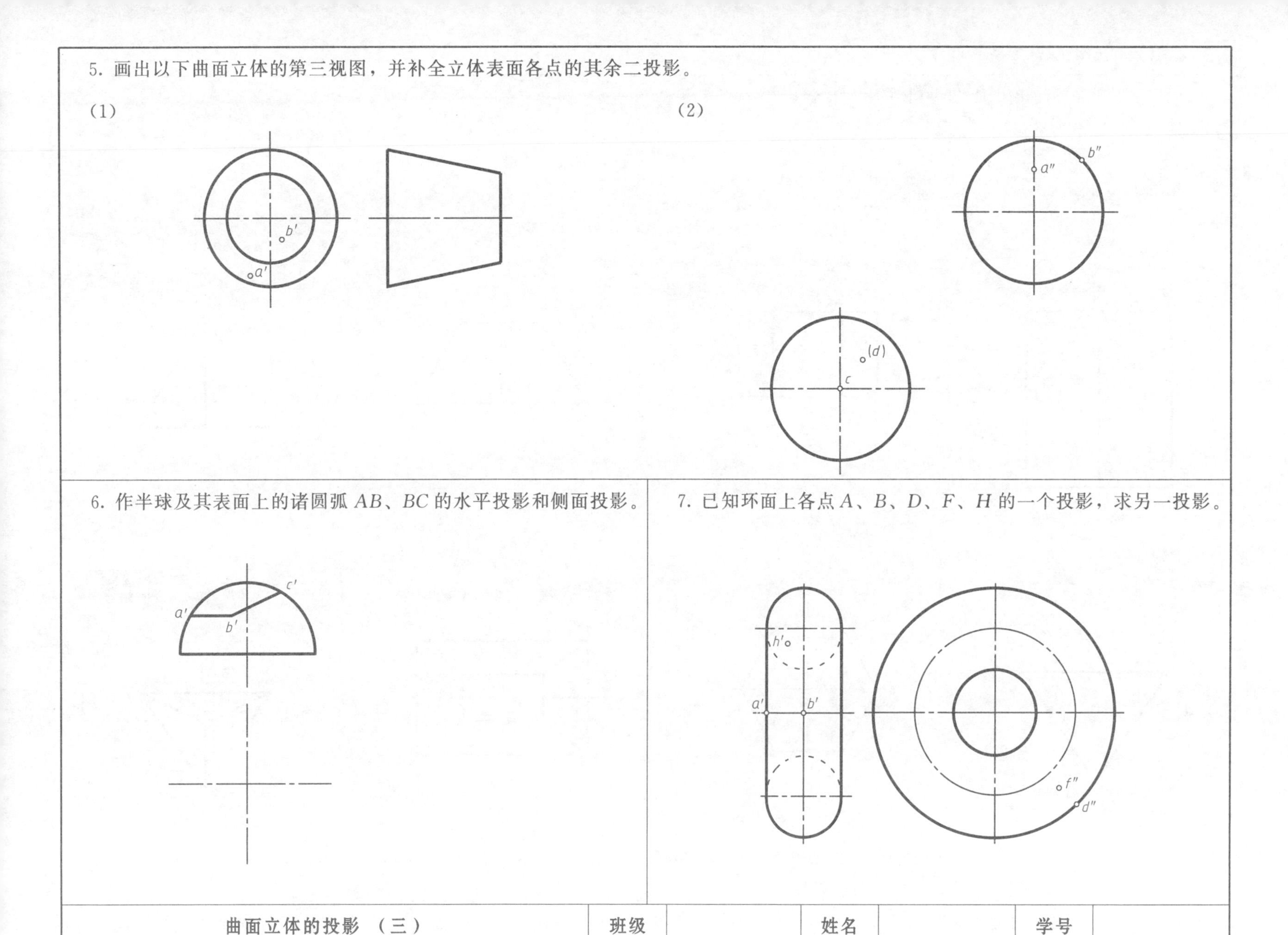
5. 画出以下曲面立体的第三视图，并补全立体表面各点的其余二投影。
(1)
b'
a'
(2)
b"
a"
(d)
c
6. 作半球及其表面上的诸圆弧 AB、BC 的水平投影和侧面投影。
c'
a'
b'
7. 已知环面上各点 A、B、D、F、H 的一个投影，求另一投影。
h'
a'
b'
f"
d"
曲面立体的投影 （三）
班级
姓名
学号

3-3 立体的尺寸标注

1. 用 1∶1 比例标注出下列平面立体的尺寸。

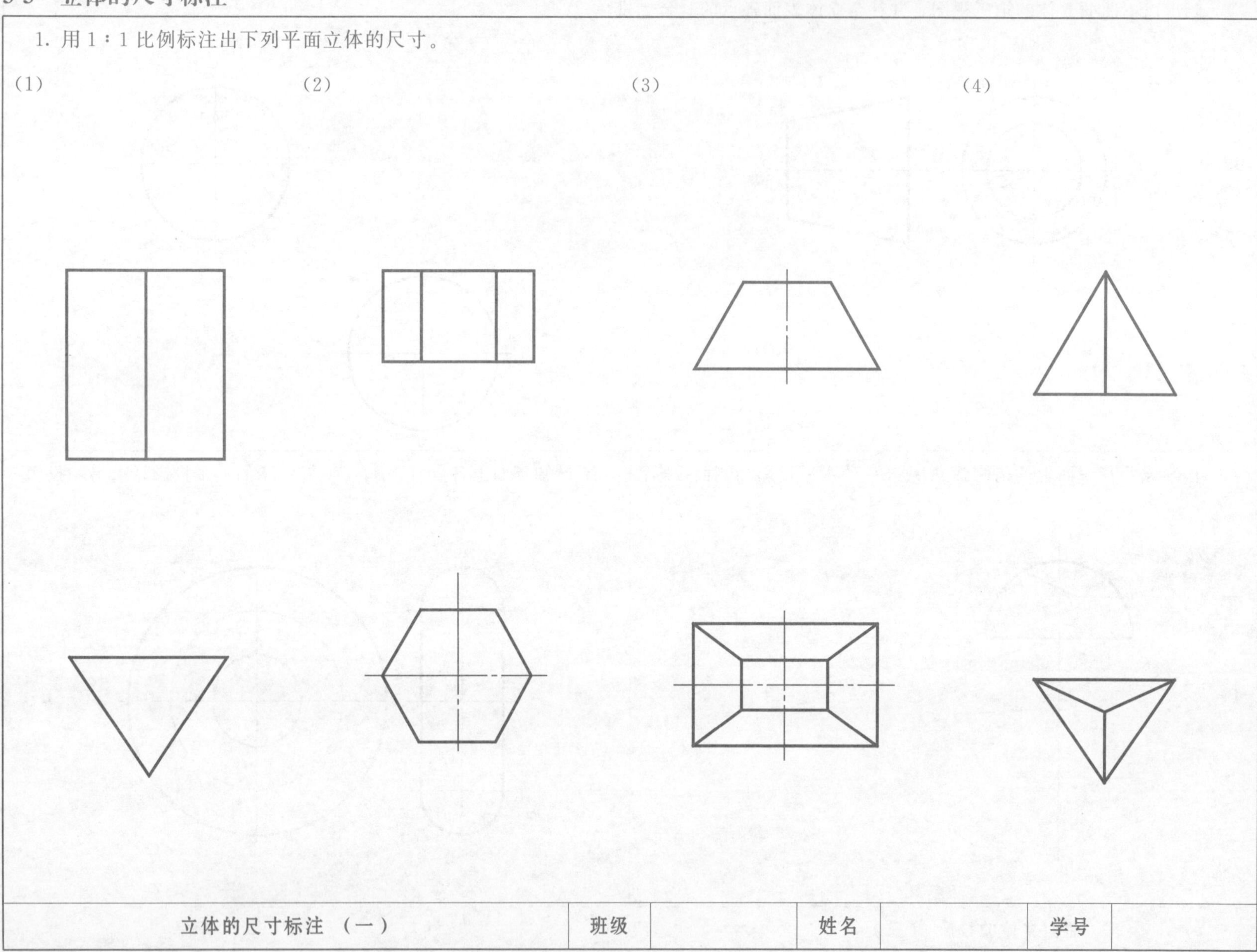

立体的尺寸标注（一）	班级		姓名		学号	

2. 用1∶1比例标注出下列曲面立体的尺寸。

(1)

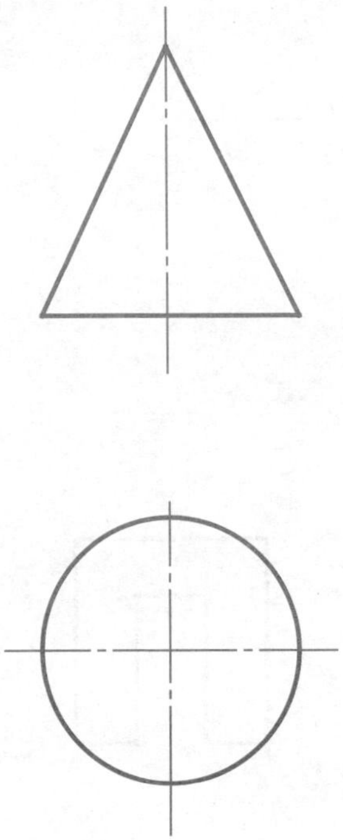

(2)

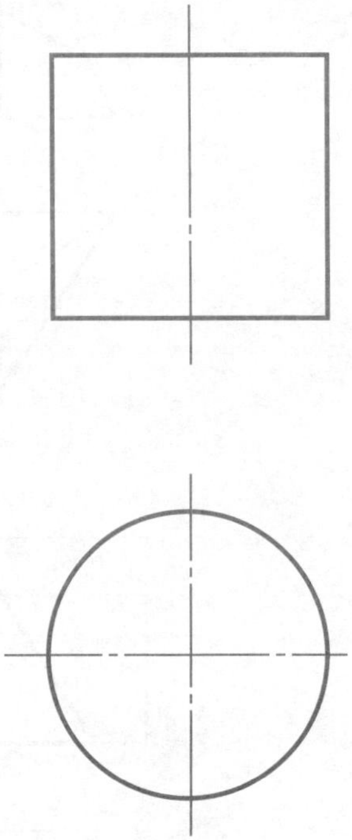

(3)

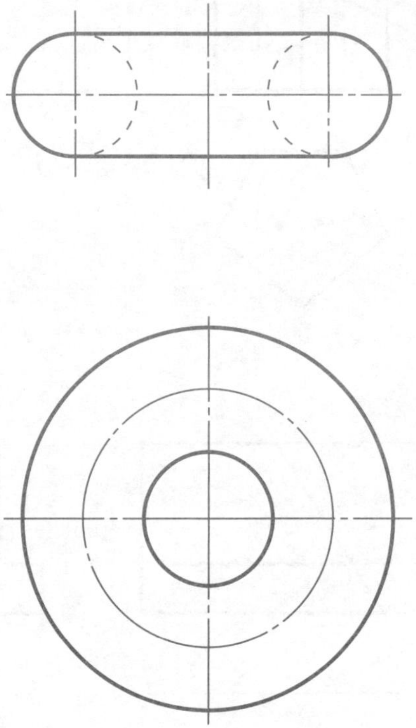

立体的尺寸标注（二）	班级		姓名		学号	

第四章　立体的截切与相贯

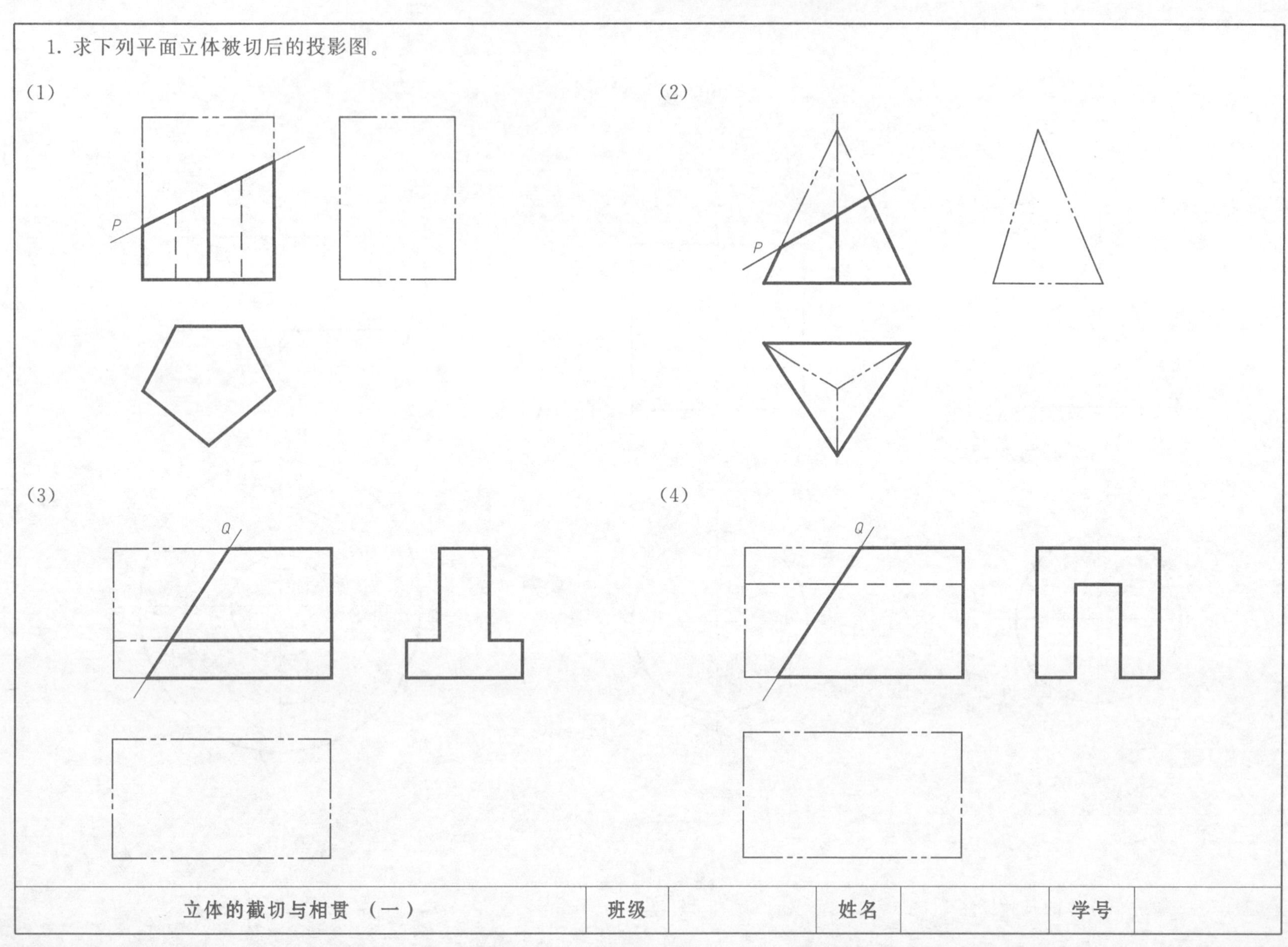

1. 求下列平面立体被切后的投影图。

立体的截切与相贯（一）	班级		姓名		学号	

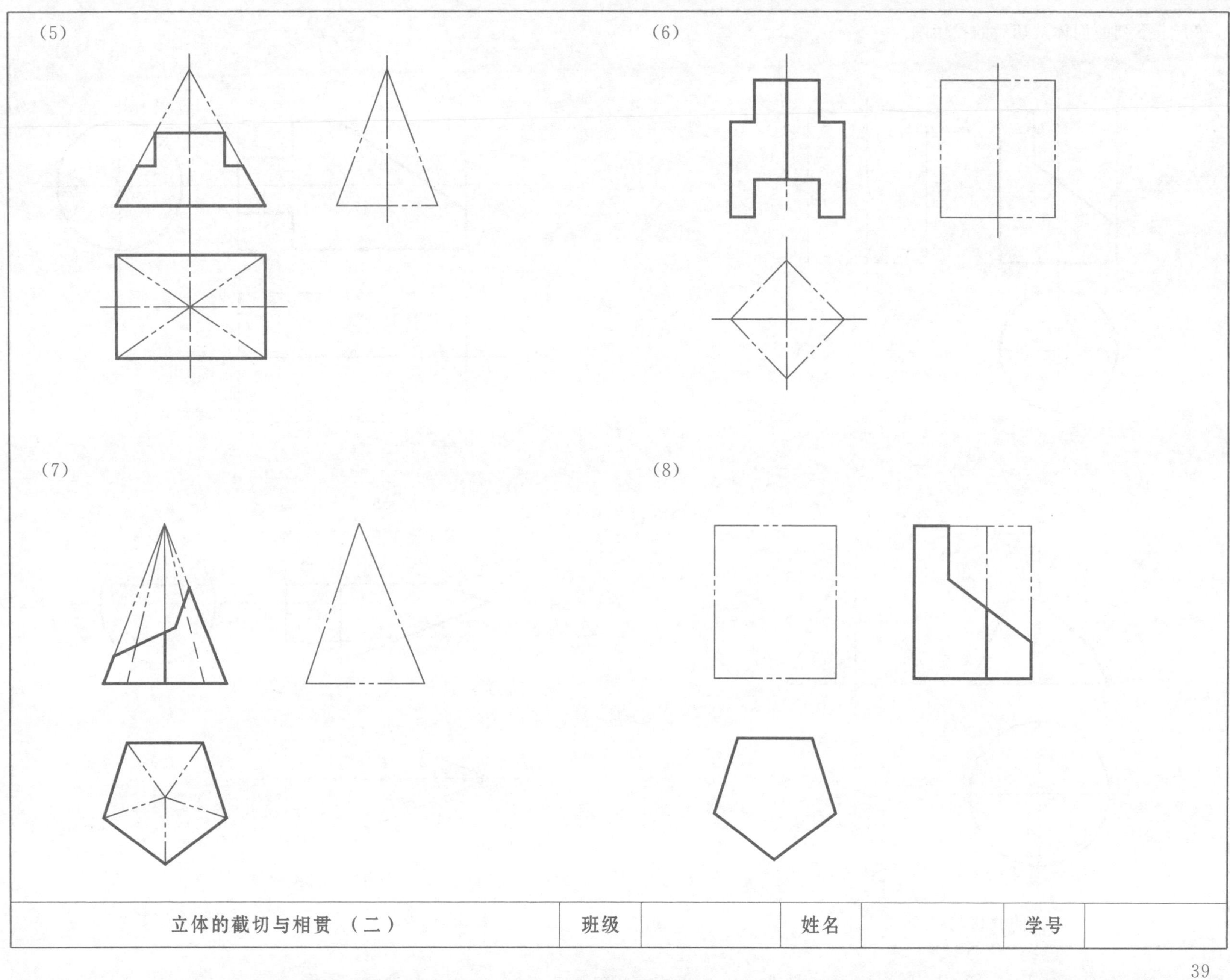

立体的截切与相贯（二）	班级		姓名		学号	

2. 求下列曲面体被切后的投影图。

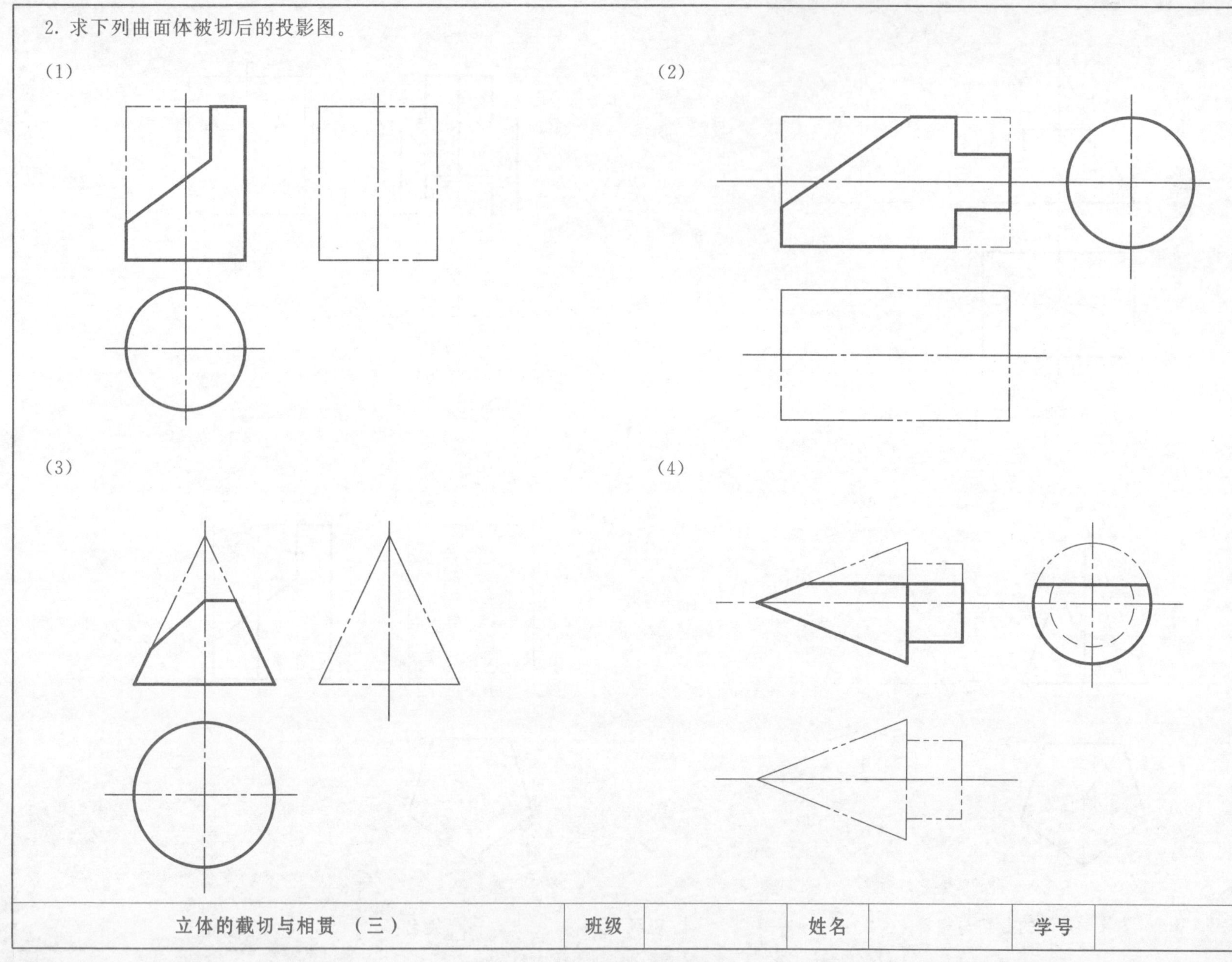

立体的截切与相贯 （三）	班级		姓名		学号	

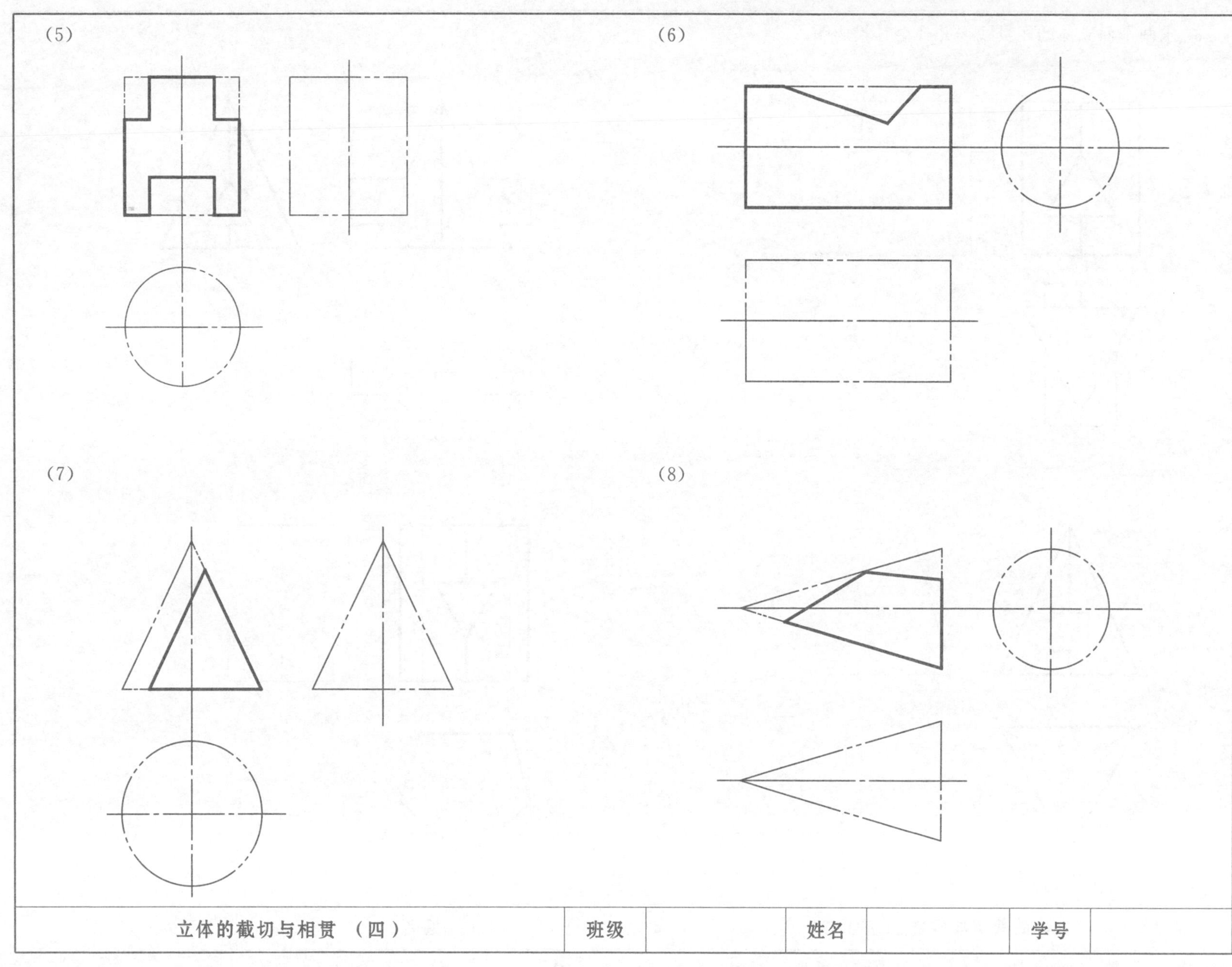
(5)
(6)
(7)
(8)
立体的截切与相贯 （四）
班级
姓名
学号

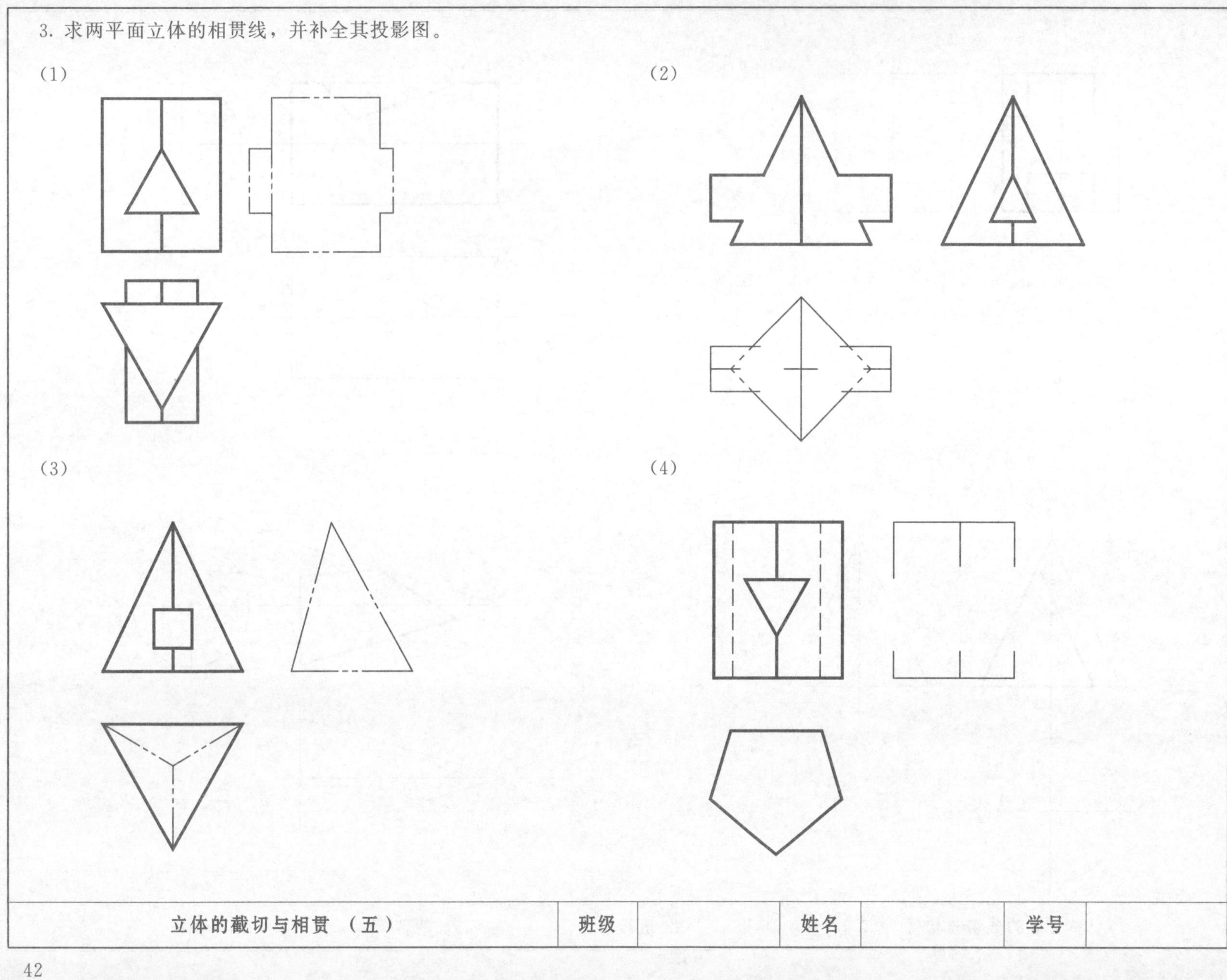
3. 求两平面立体的相贯线，并补全其投影图。
(1)
(2)
(3)
(4)
立体的截切与相贯 （五）
班级
姓名
学号

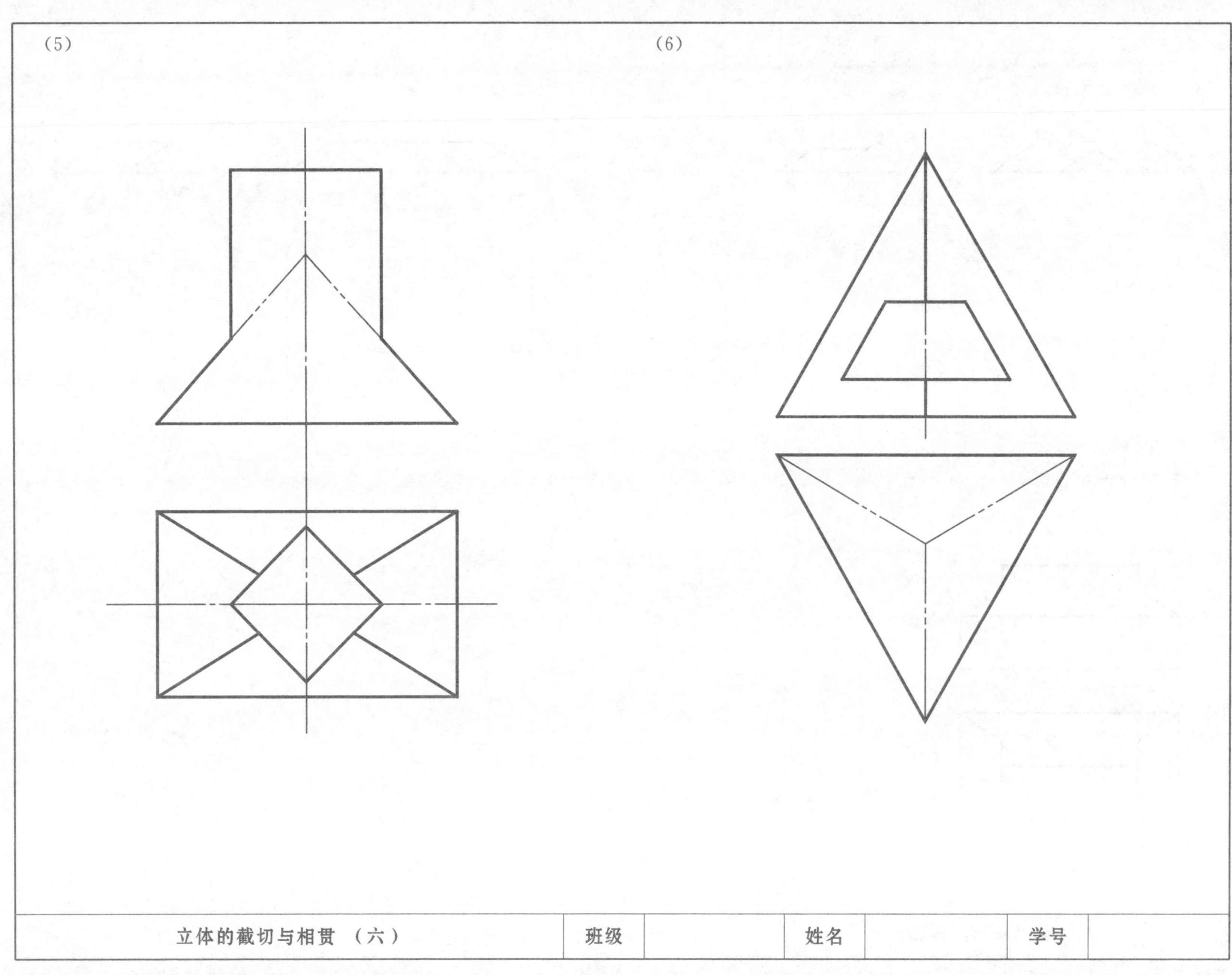

立体的截切与相贯 （六）	班级		姓名		学号	

4. 求同坡屋面的投影图。

(1) 补绘 H 面投影

(2) 补绘 H 面投影

(3) 补绘 W 面投影

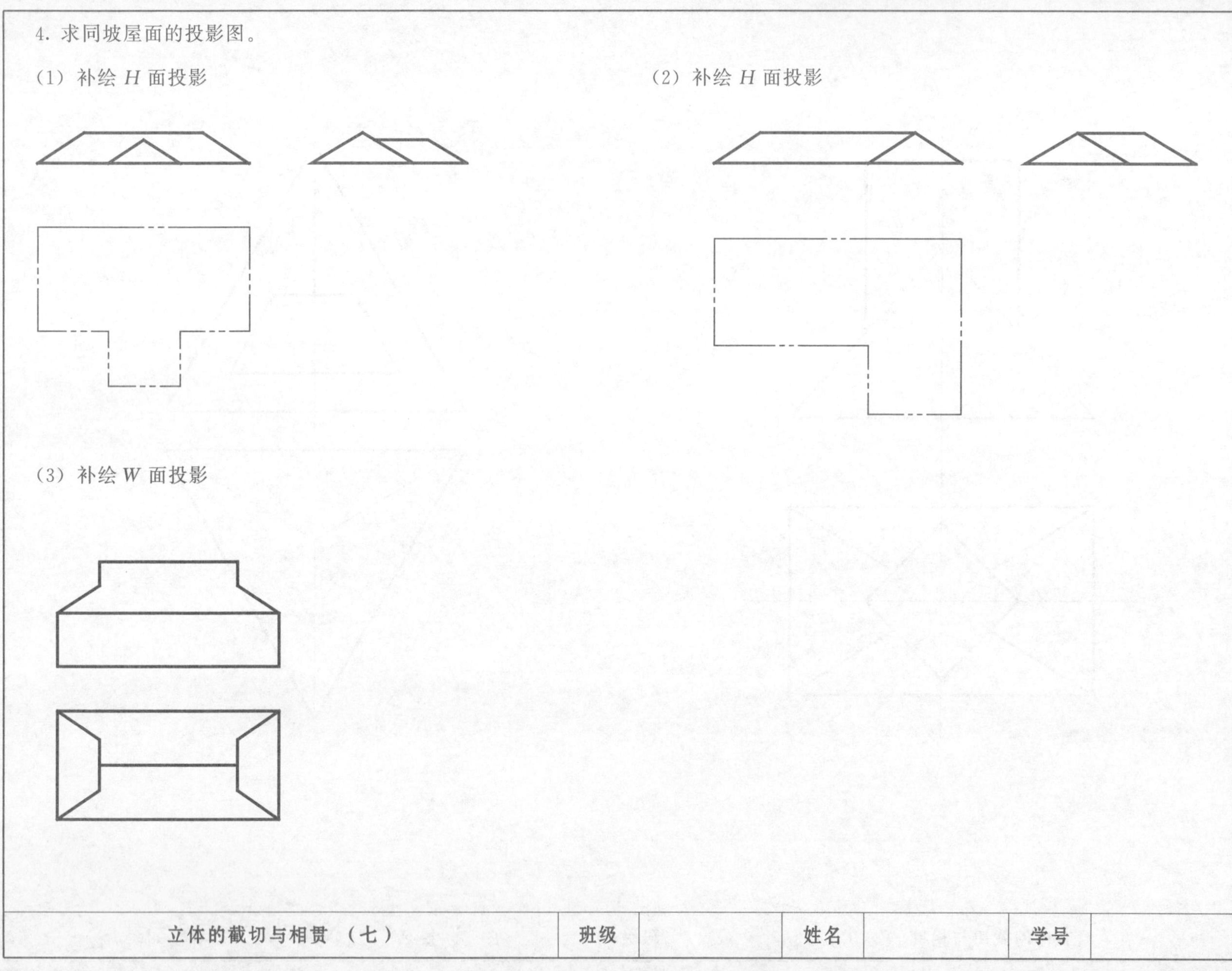

立体的截切与相贯（七）	班级		姓名		学号	

5. 求平面立体与曲面立体的相贯线，补全其投影图。

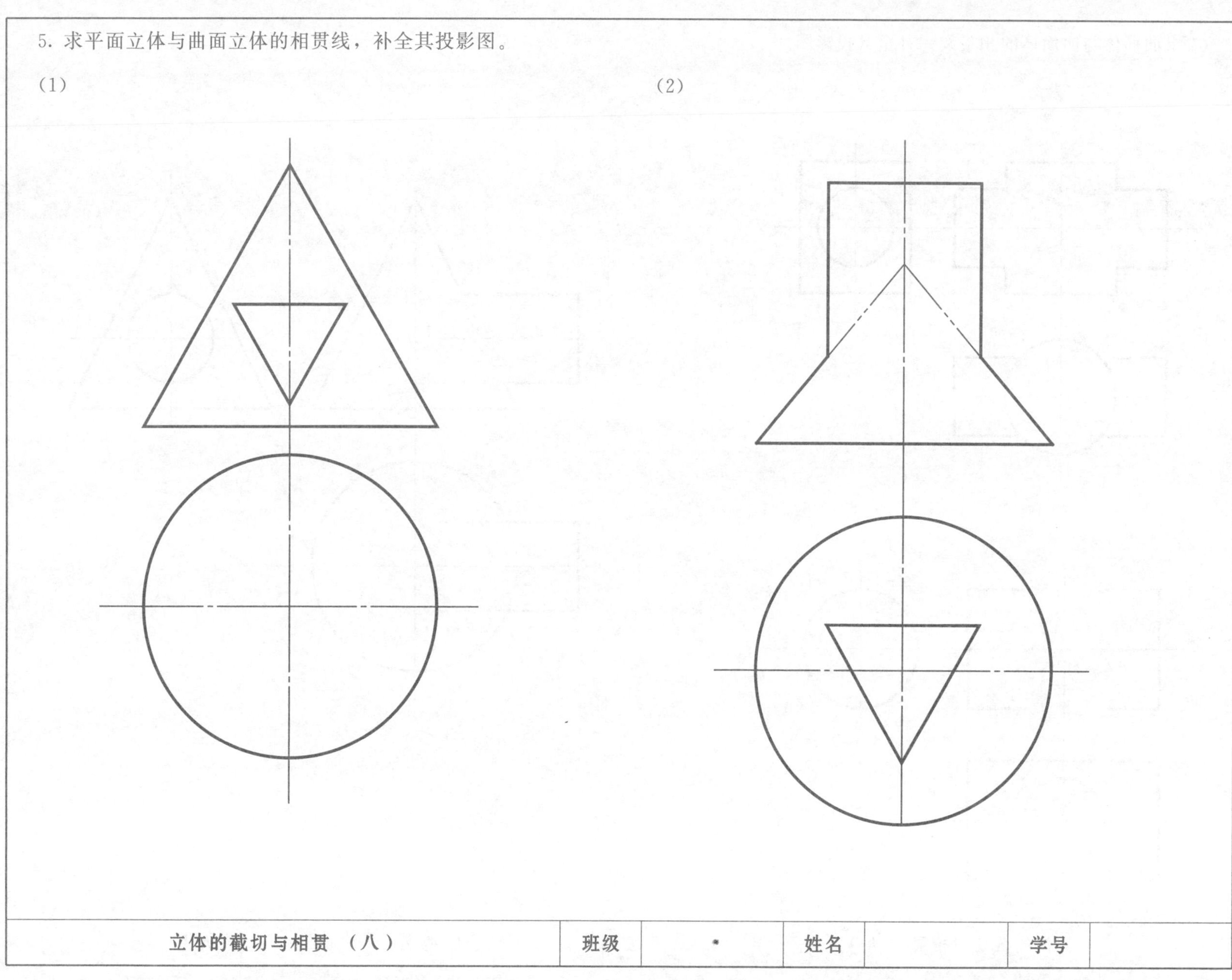

立体的截切与相贯（八）	班级		姓名		学号	

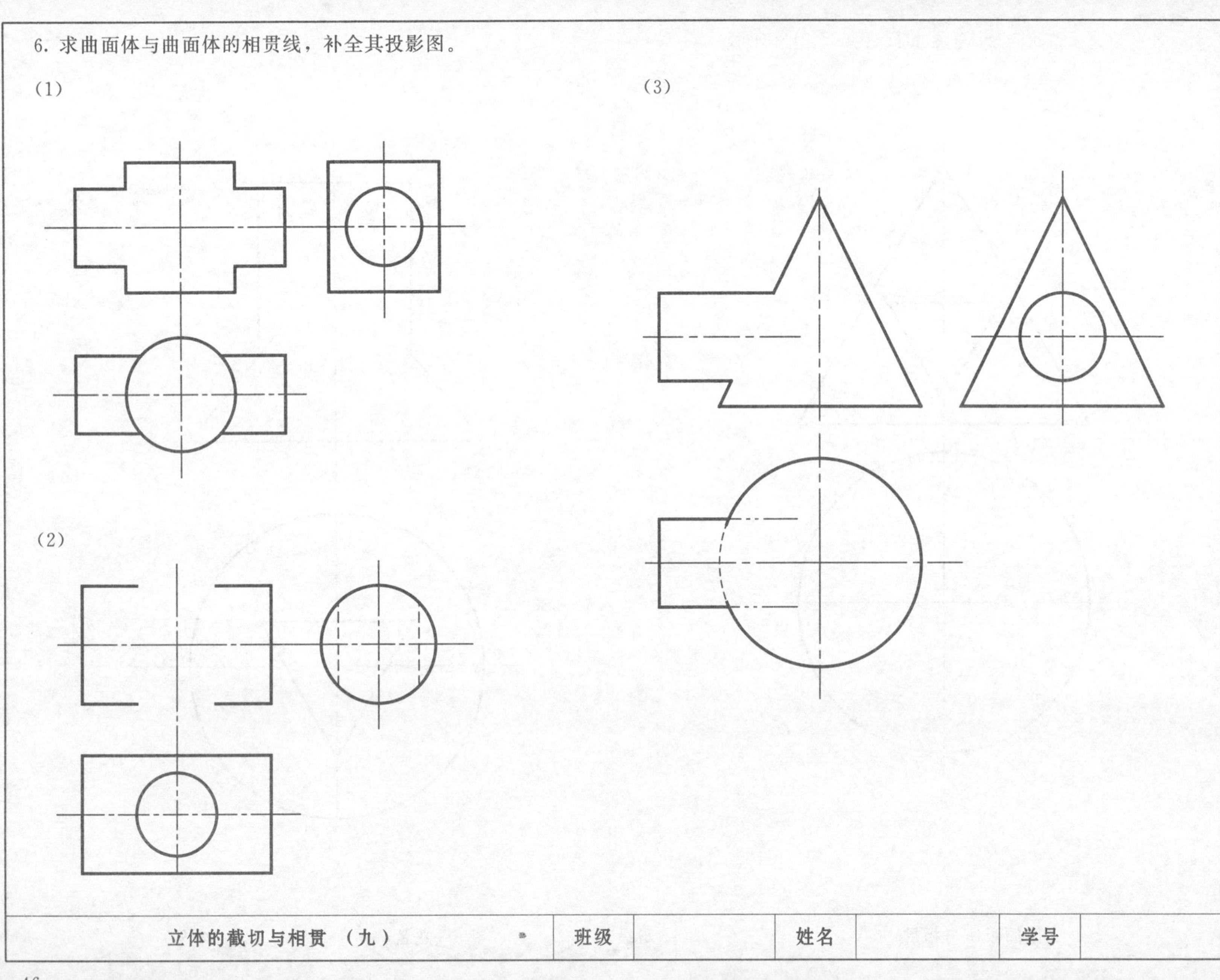
6. 求曲面体与曲面体的相贯线，补全其投影图。
(1)
(3)
(2)
立体的截切与相贯 （九）
班级
姓名
学号

1. 根据正投影图，画出正等测图。

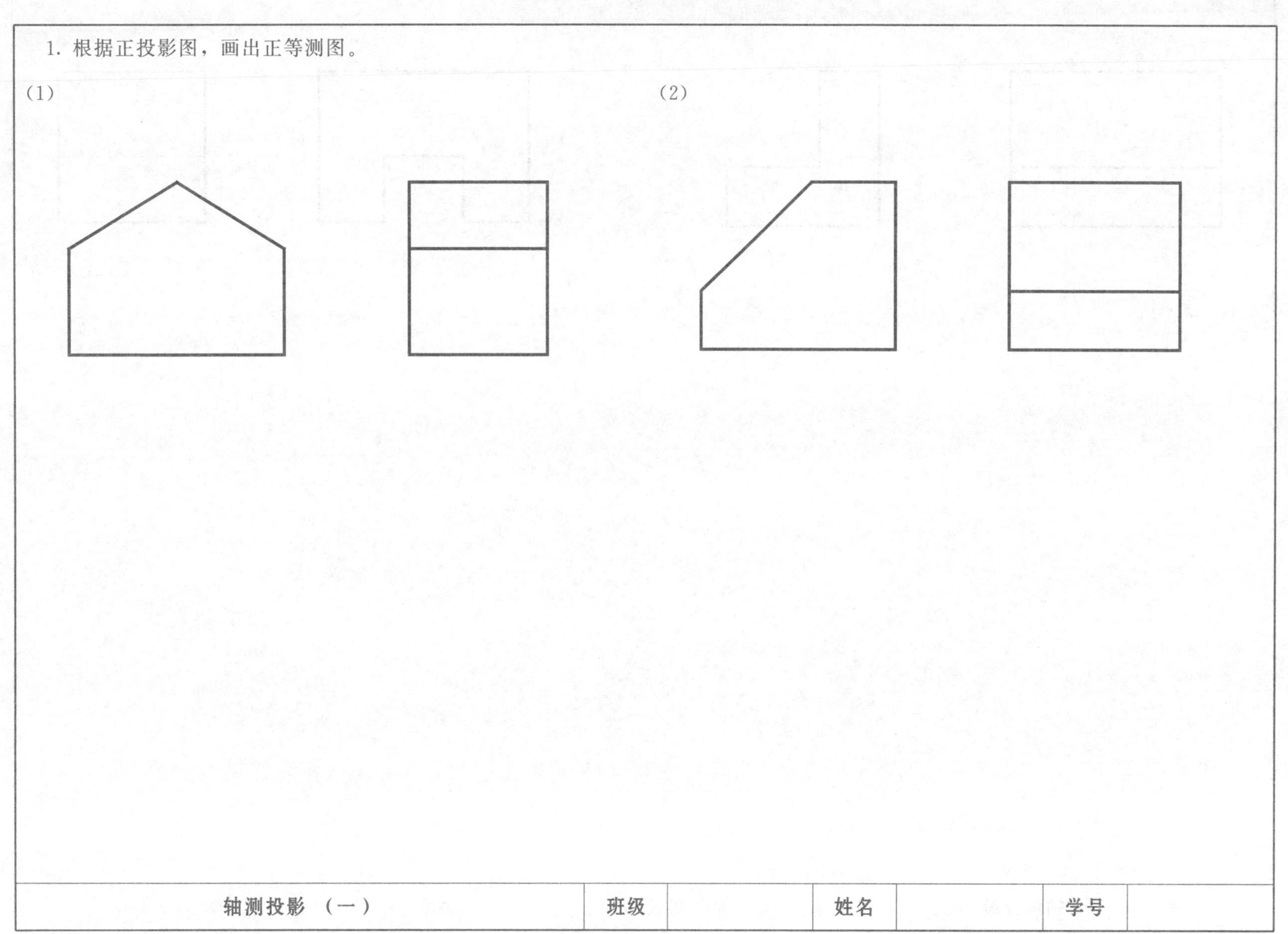

轴测投影（一）	班级		姓名		学号	

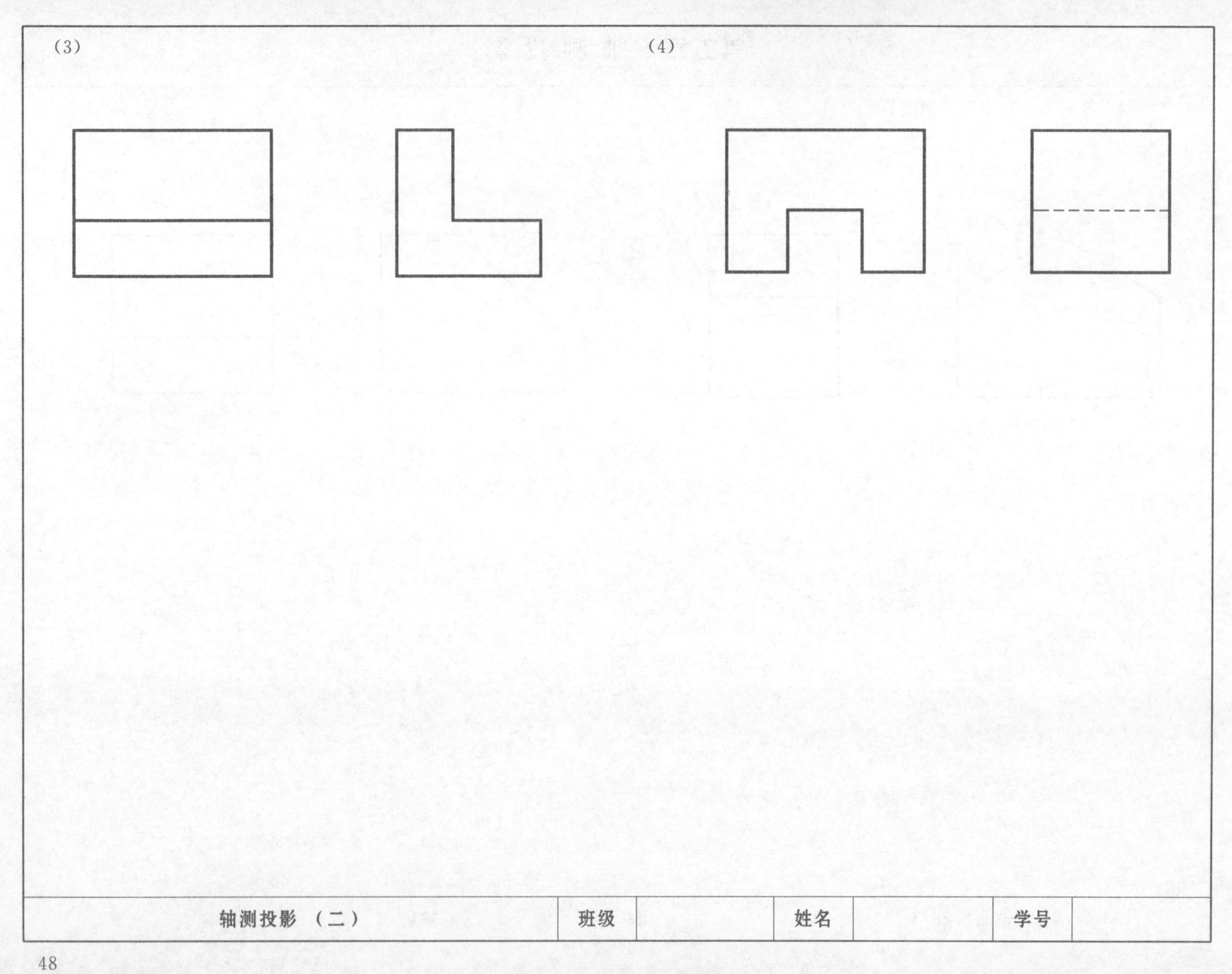

轴测投影（二）	班级		姓名		学号	

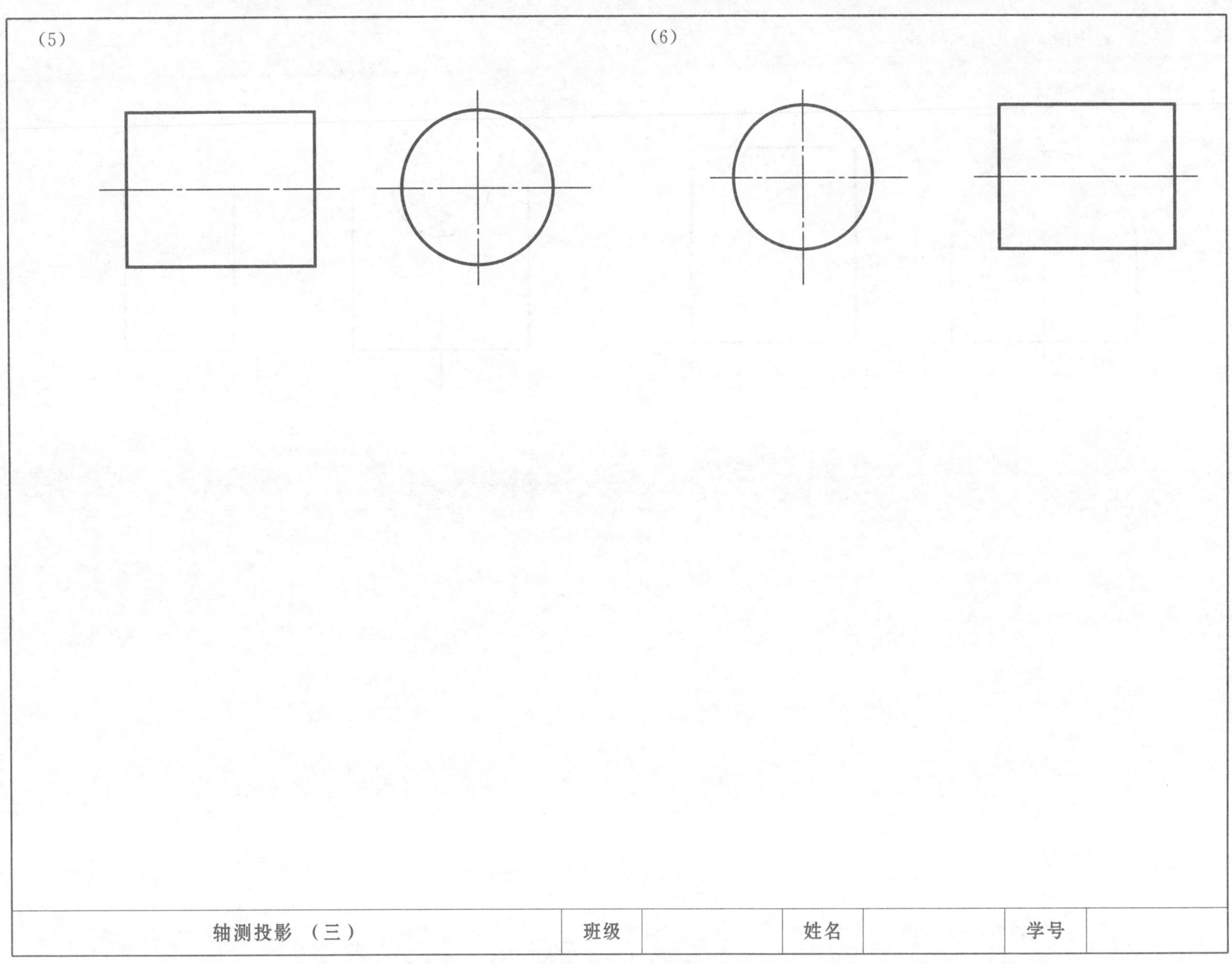
(5)
(6)
轴测投影 （三）
班级
姓名
学号

2. 根据正投影图，画出斜二测图。

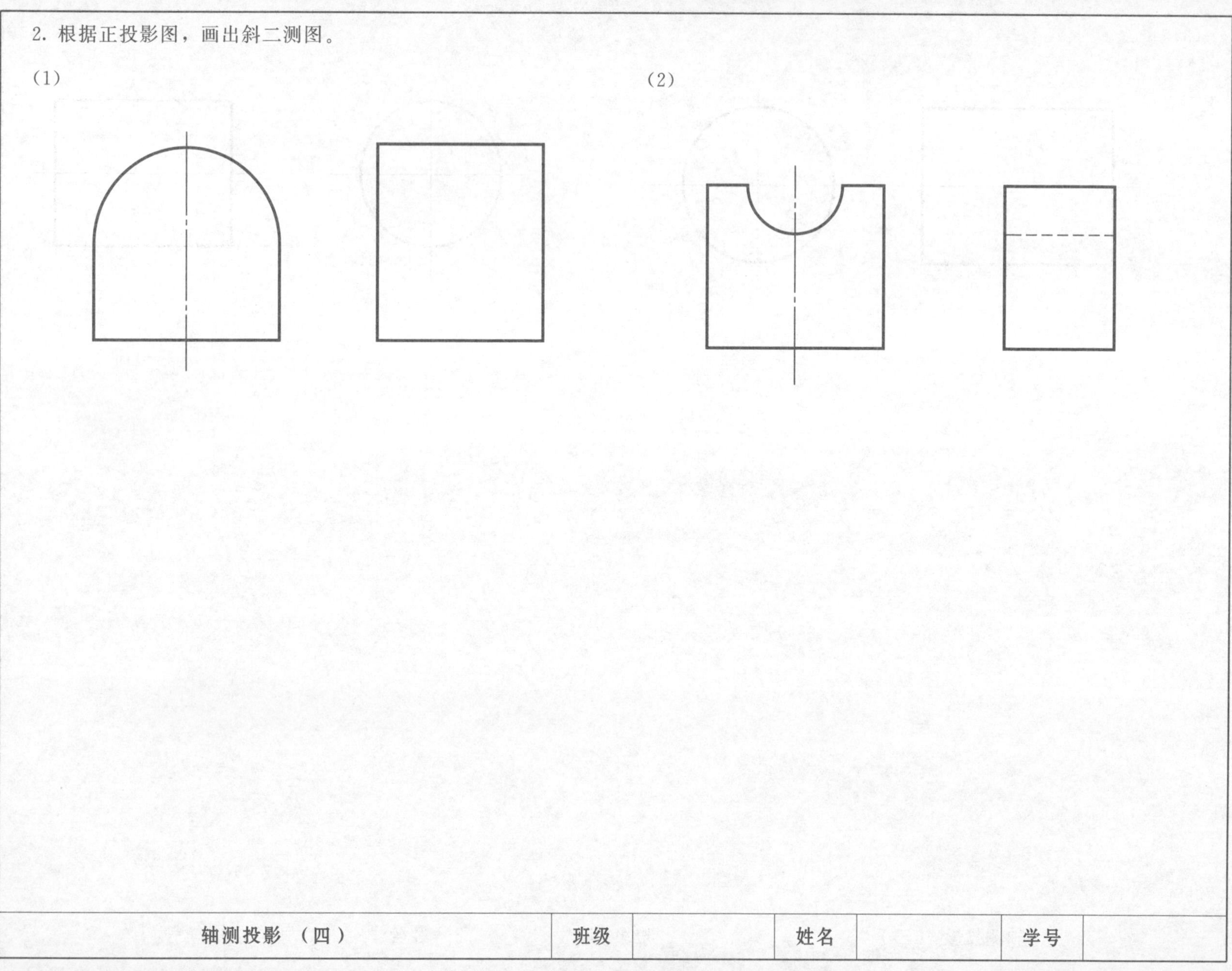

轴测投影 （四）	班级		姓名		学号	

3. 根据正投影图，画出正等测图。

(1)　　　　　　　　　　　　　　(2)

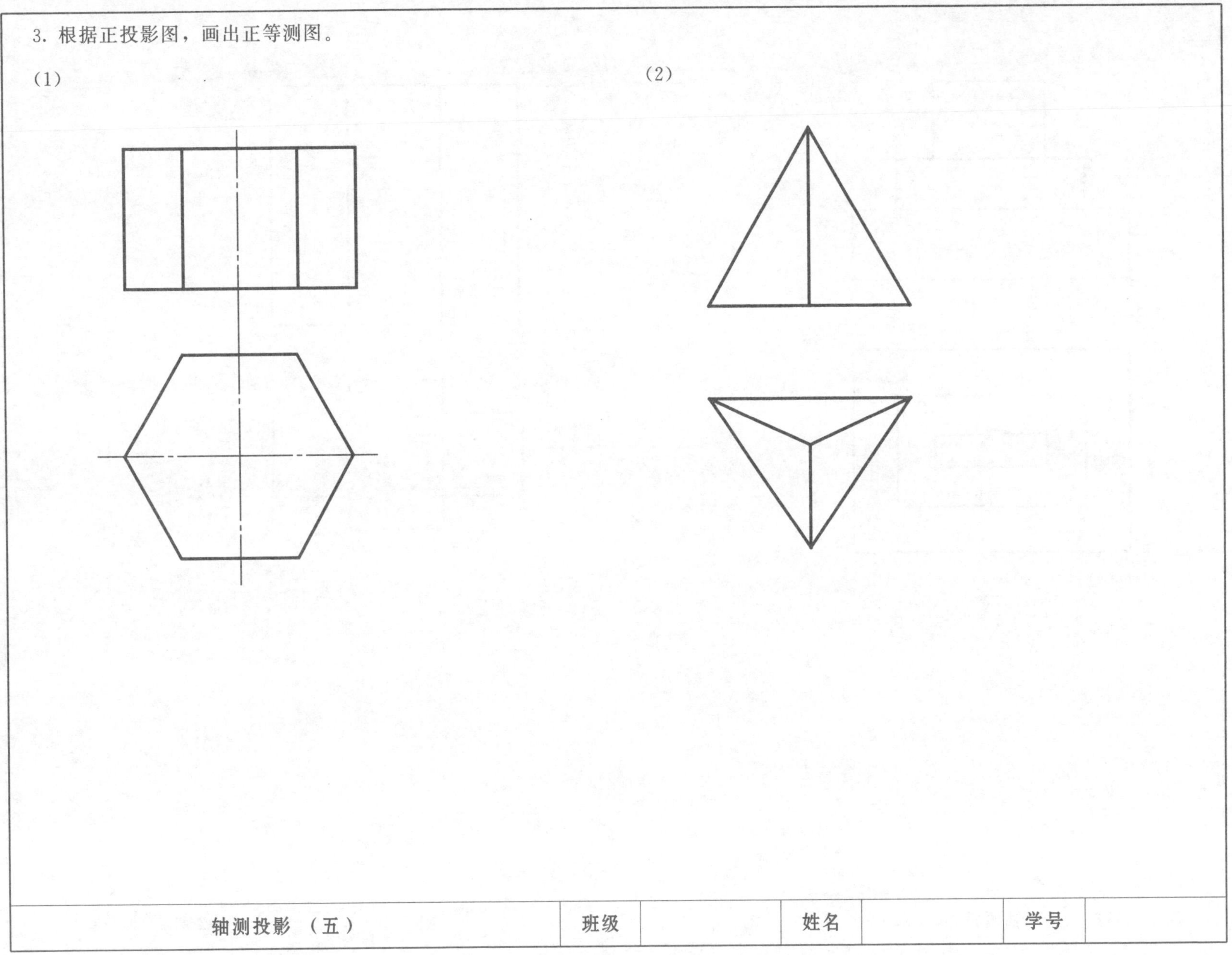

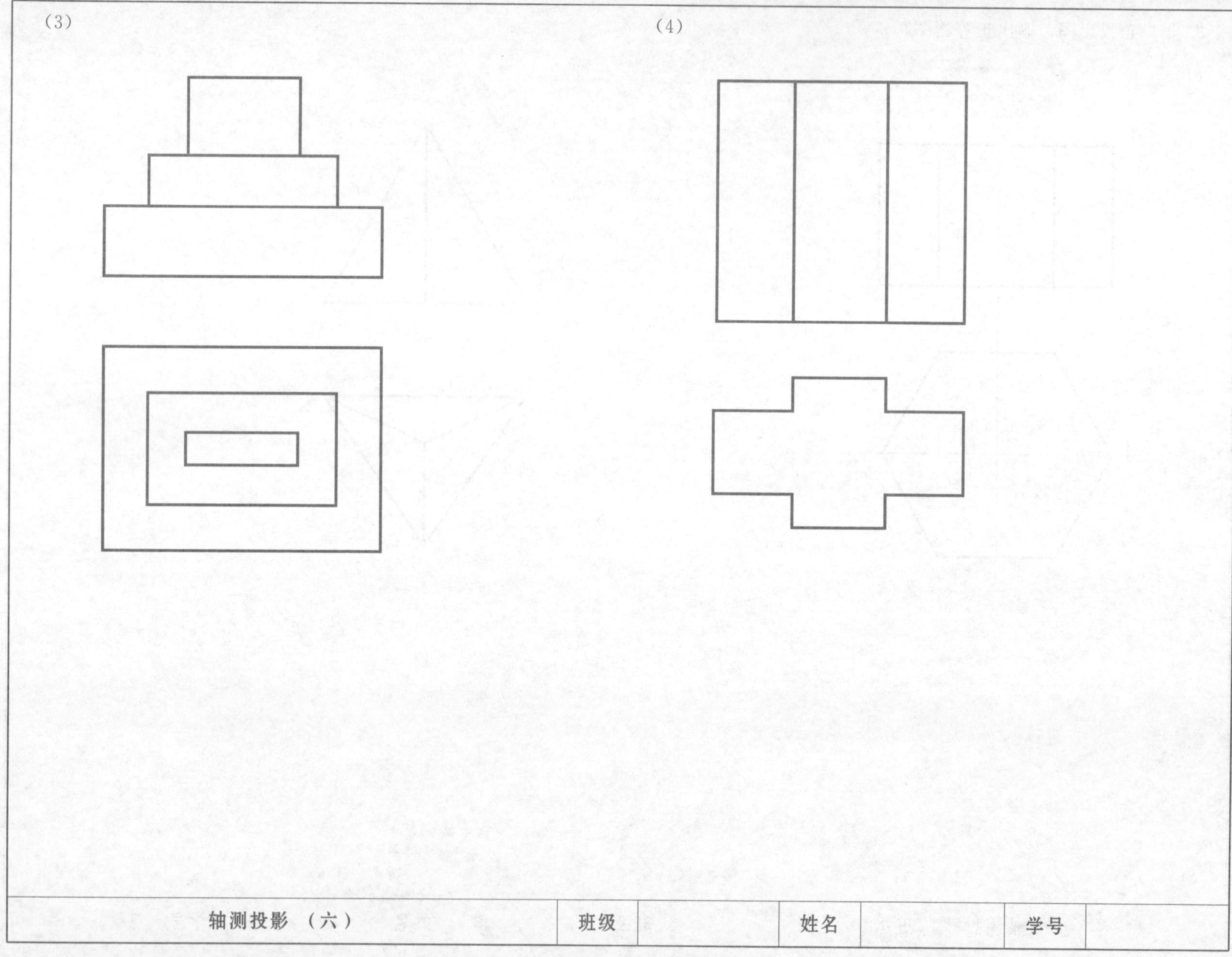

轴测投影（六）	班级		姓名		学号	

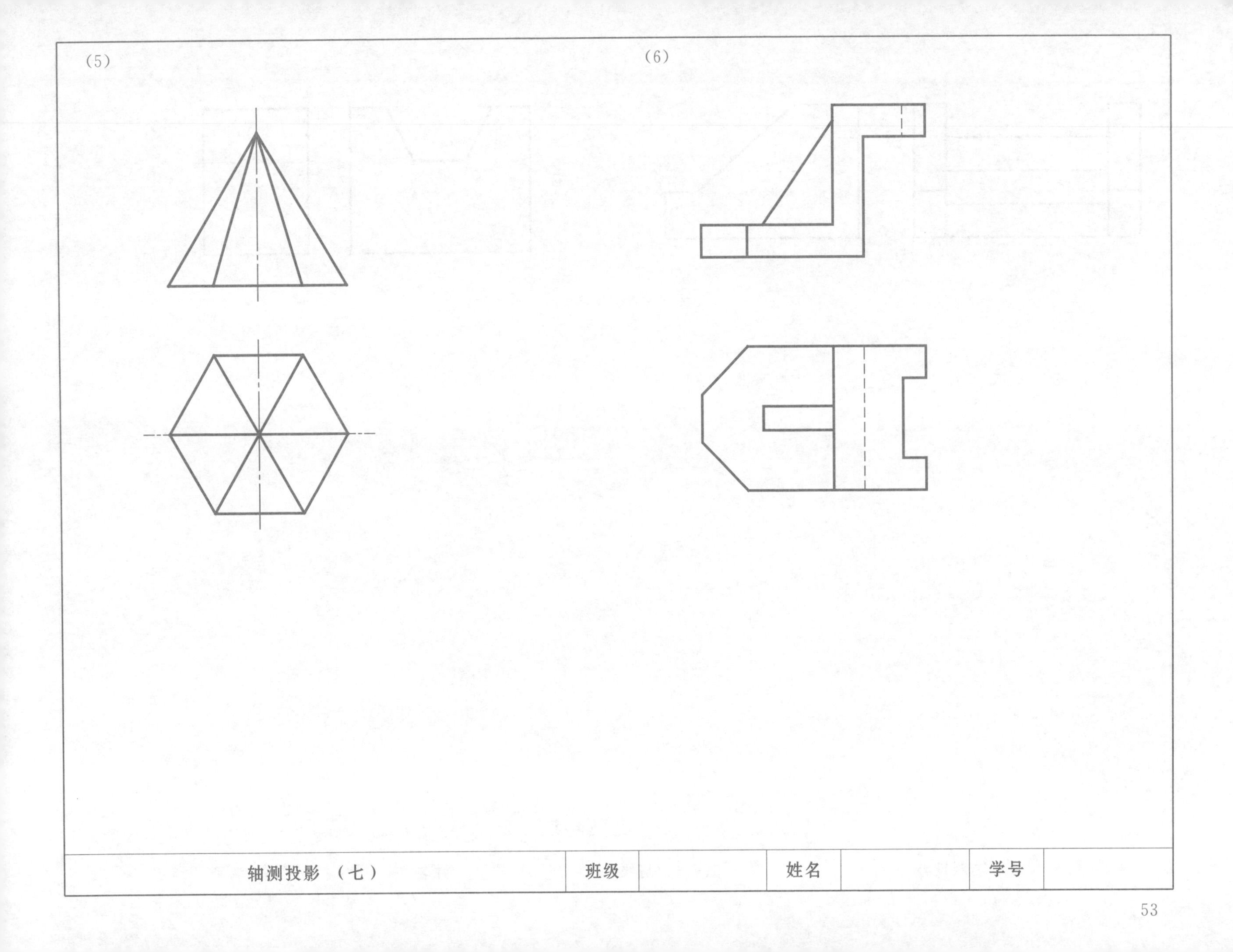

轴测投影（七）	班级		姓名		学号	

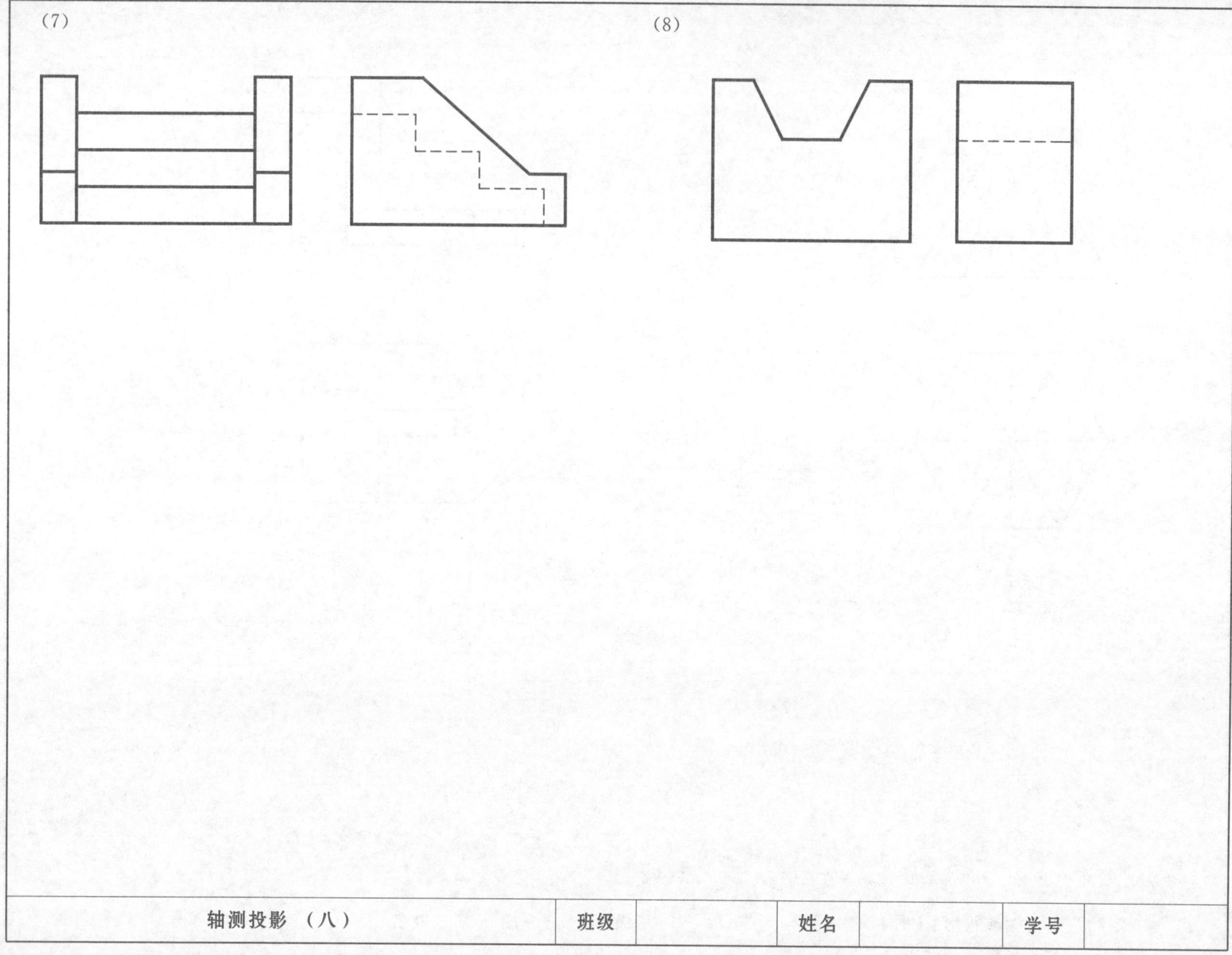

轴测投影 （八）	班级		姓名		学号	

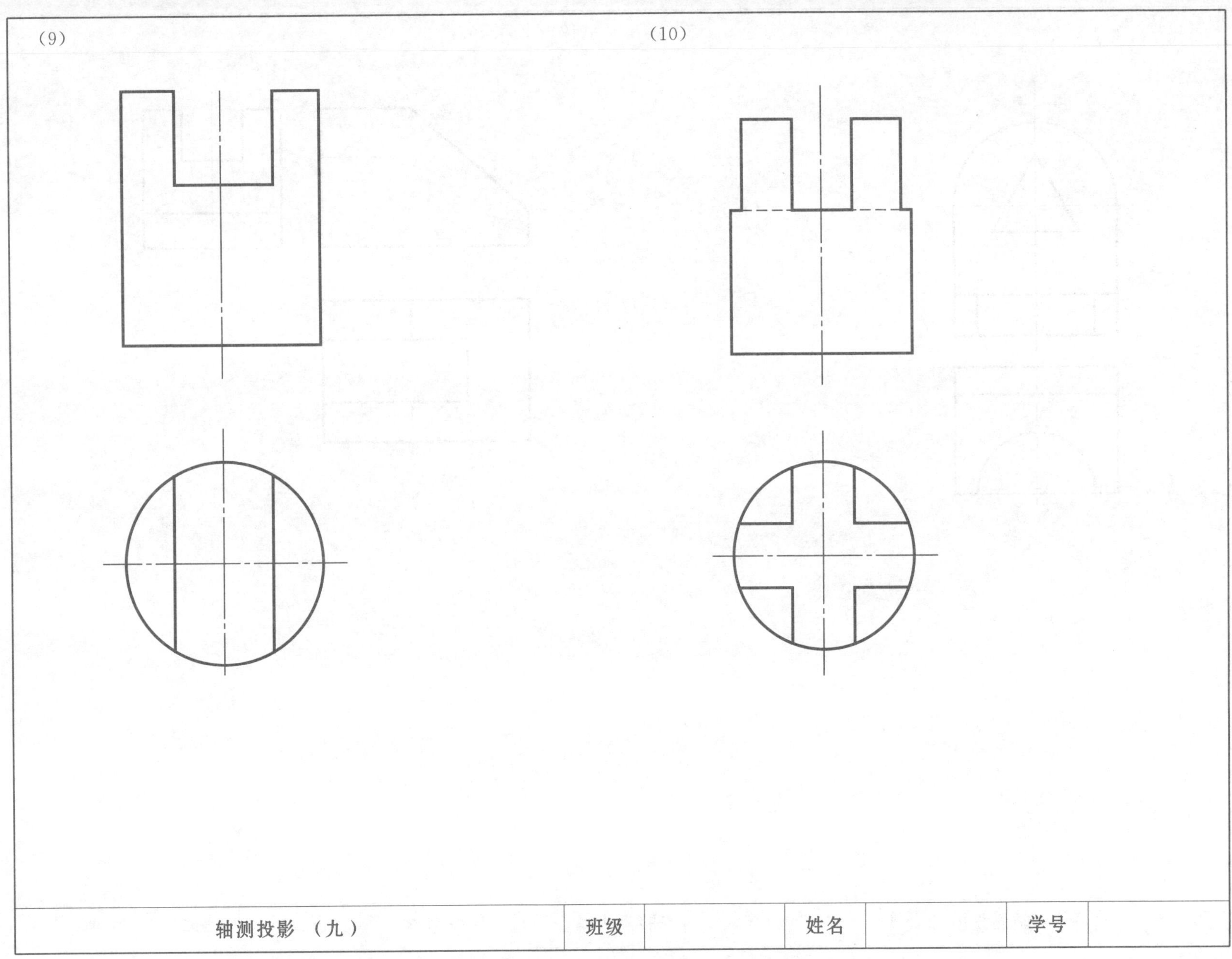

轴测投影 （九）	班级		姓名		学号	

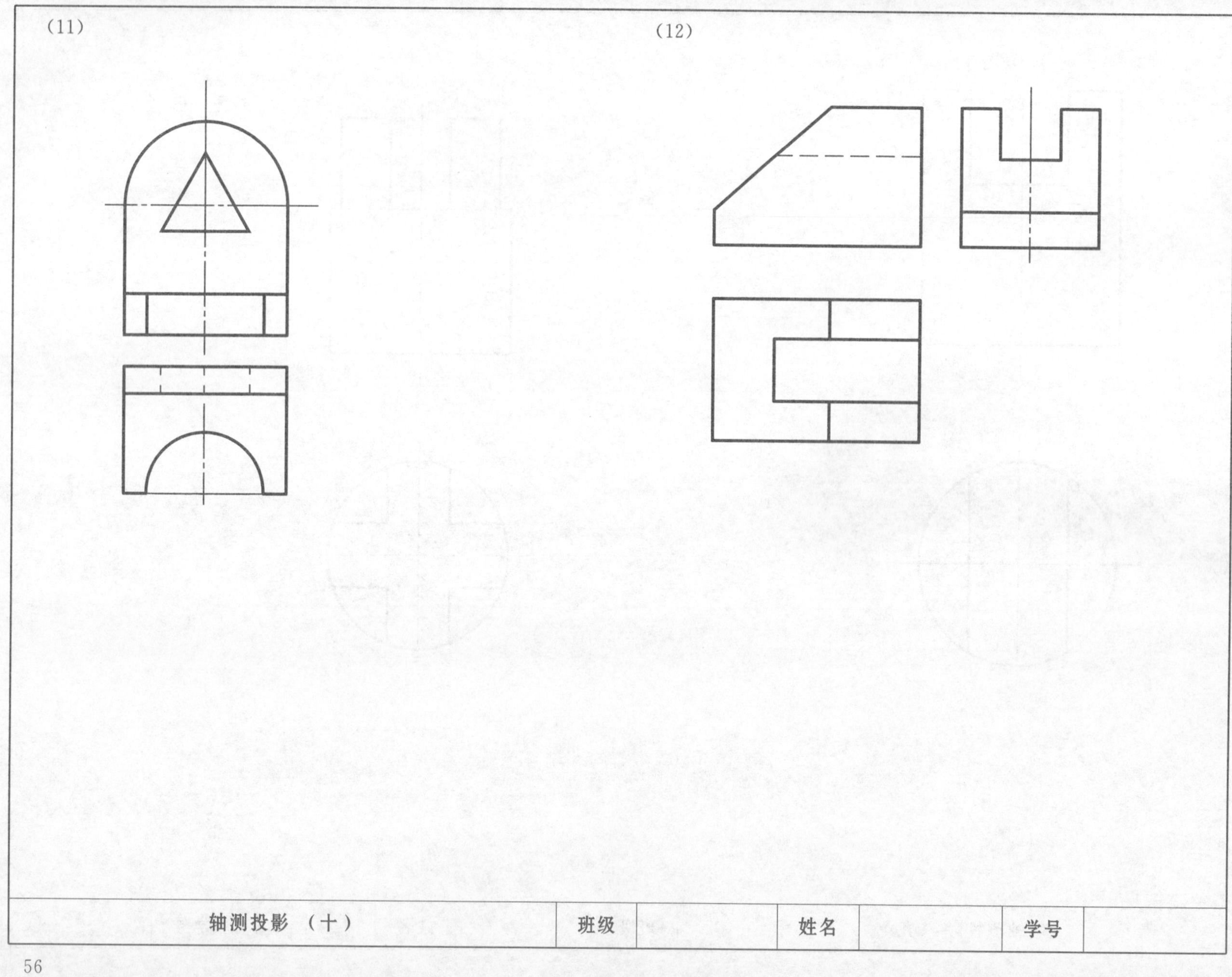

轴测投影（十）　班级　姓名　学号

(13)

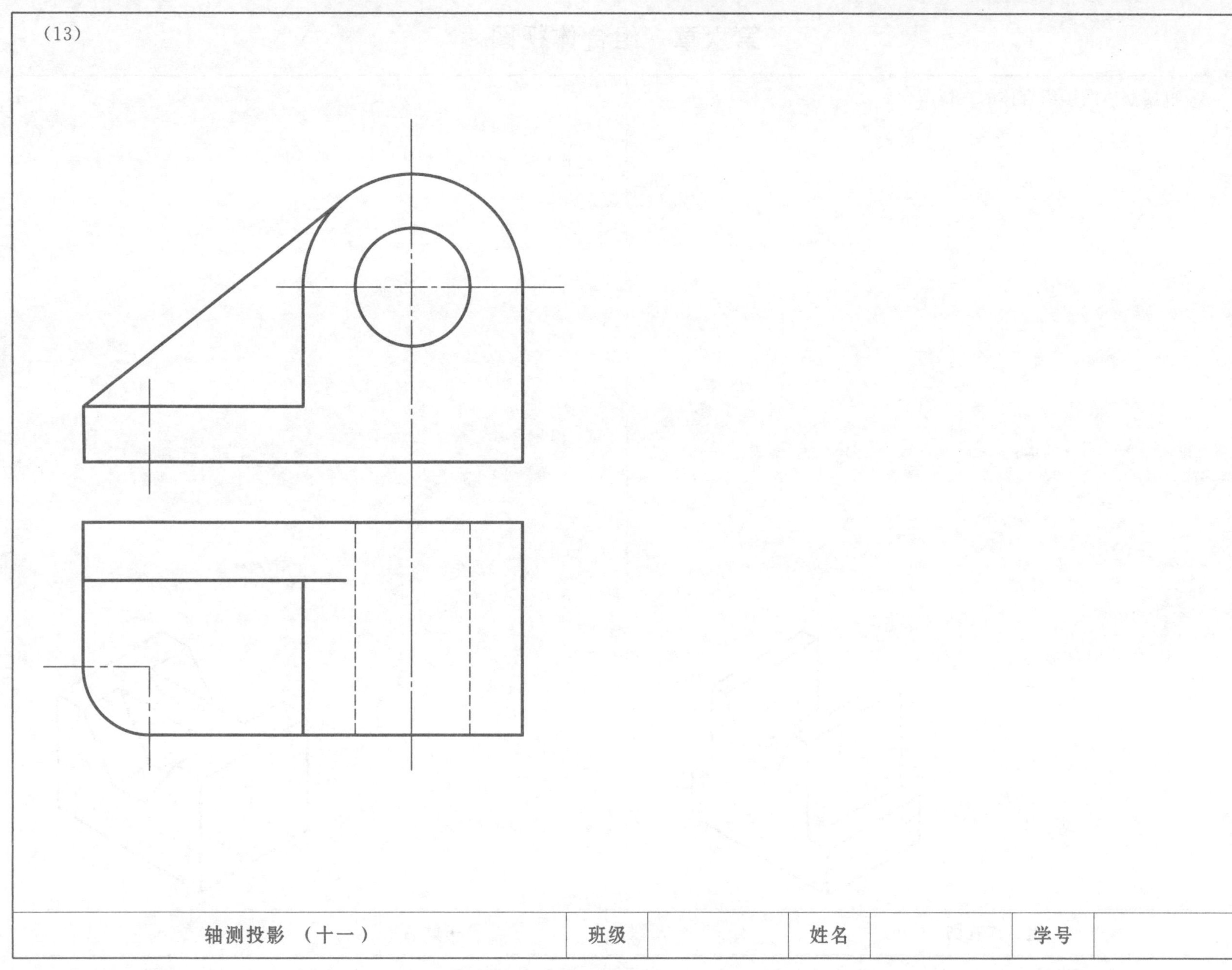

轴测投影（十一）	班级		姓名		学号	

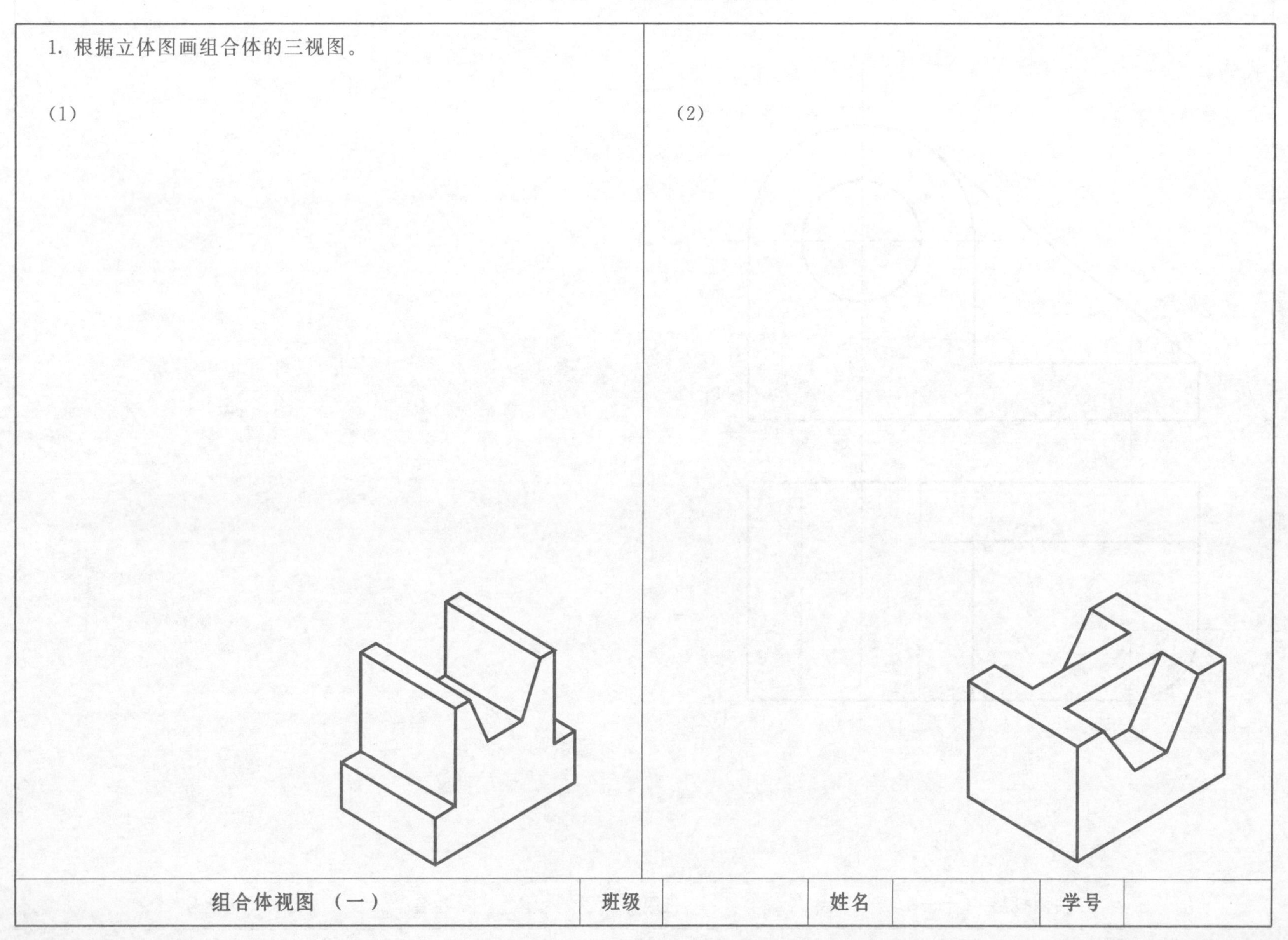
1. 根据立体图画组合体的三视图。
(1)
(2)
组合体视图（一）
班级
姓名
学号

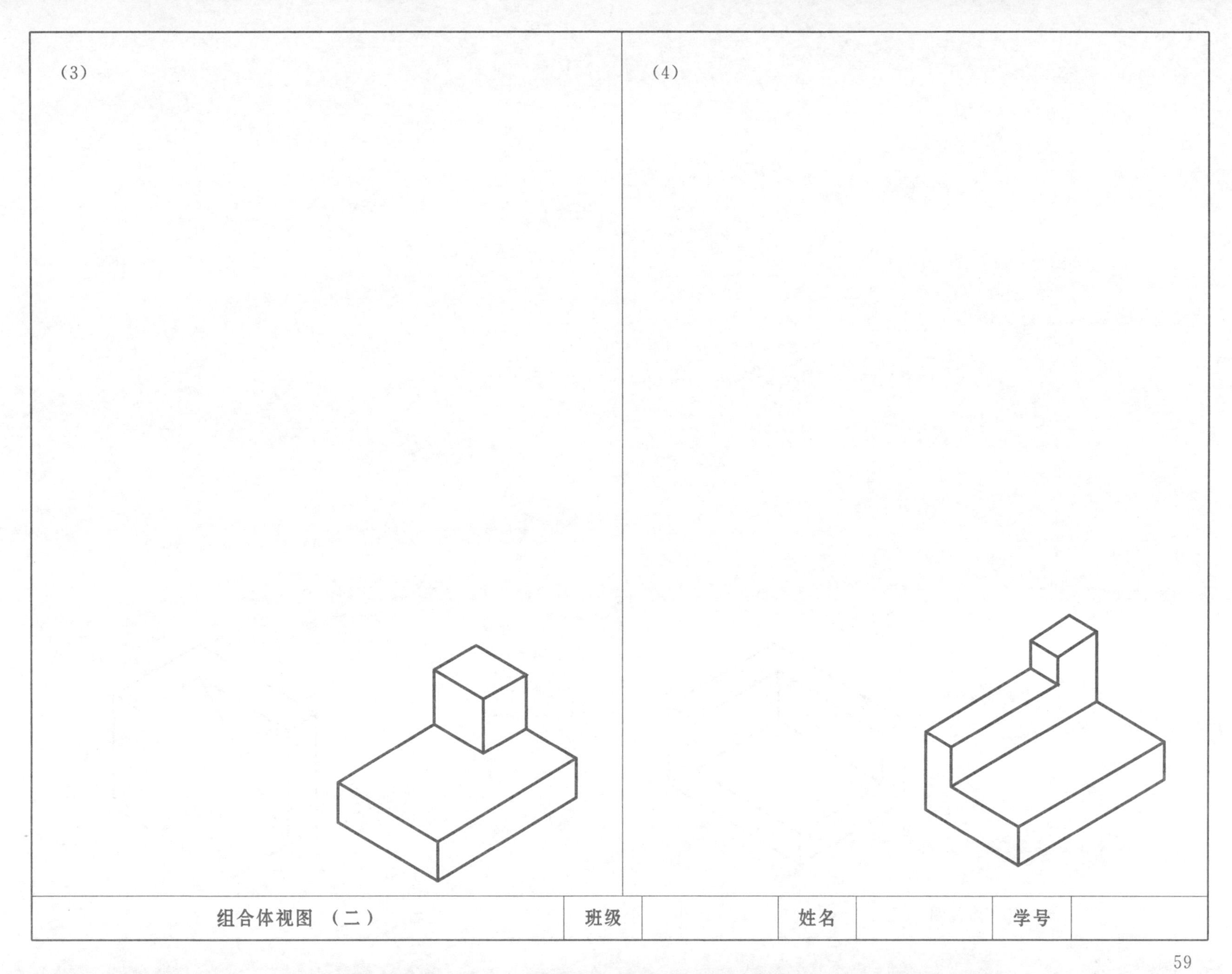

组合体视图　（二）	班级		姓名		学号	

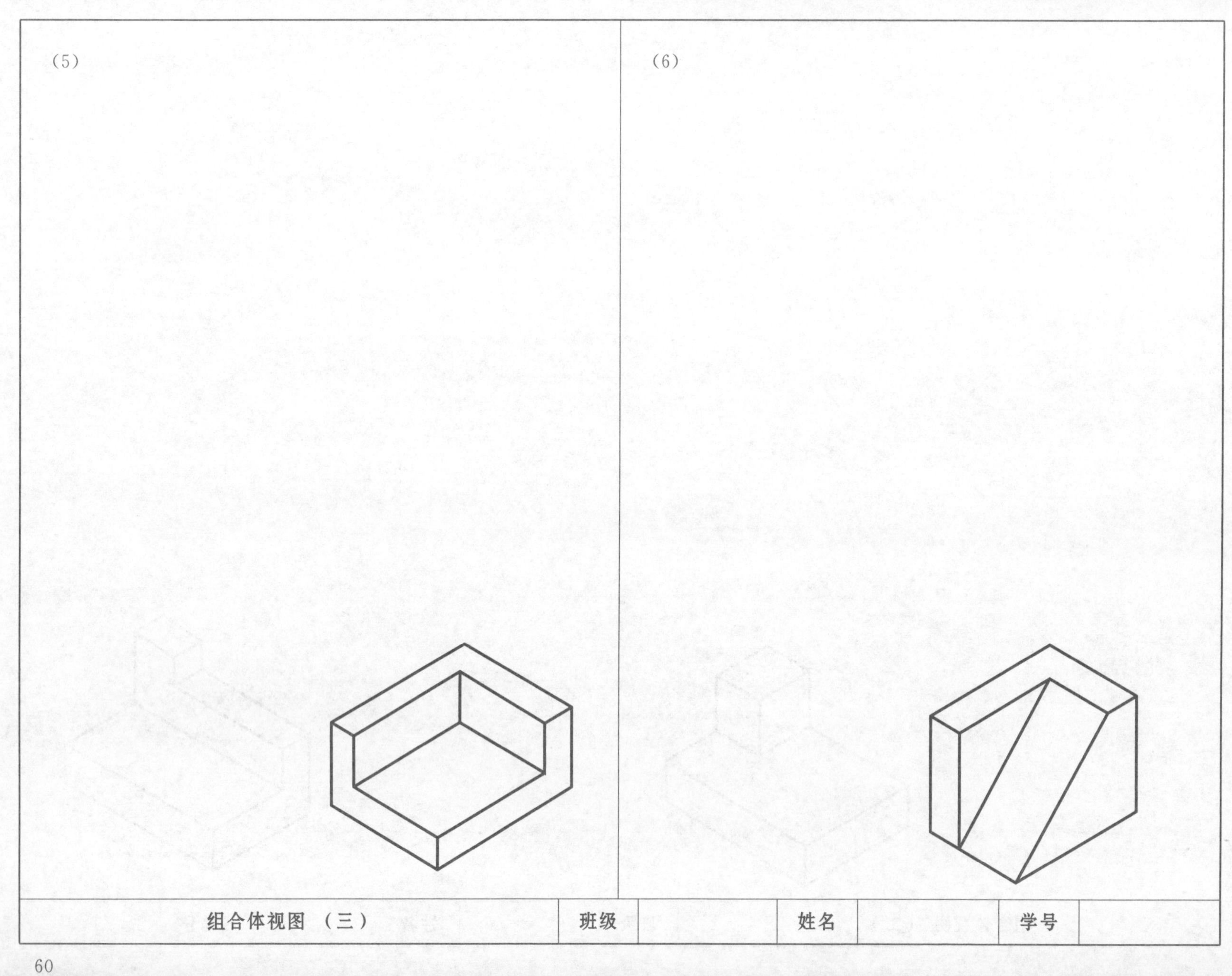

组合体视图 （三）	班级		姓名		学号	

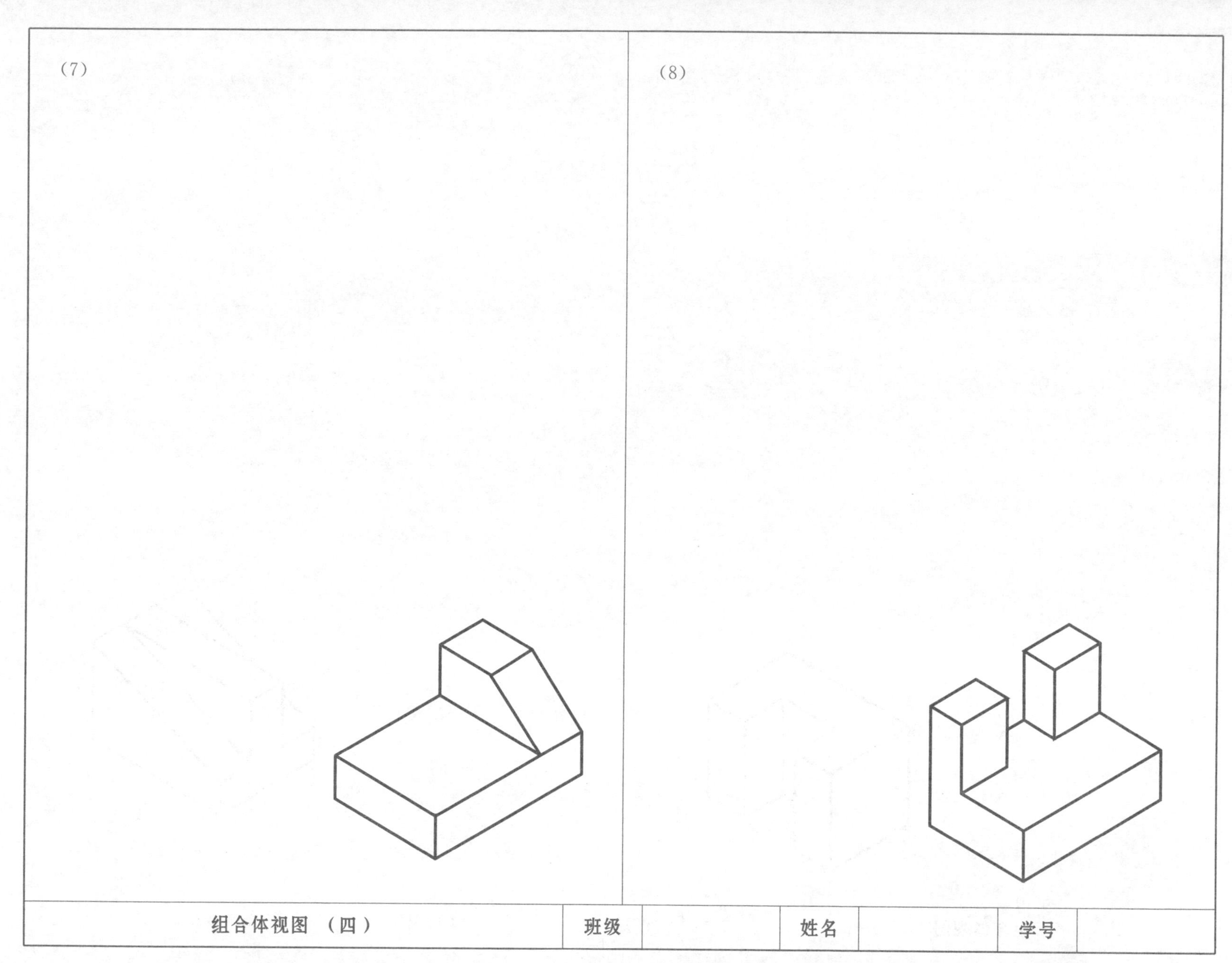
(7)
(8)
组合体视图 （四）
班级
姓名
学号

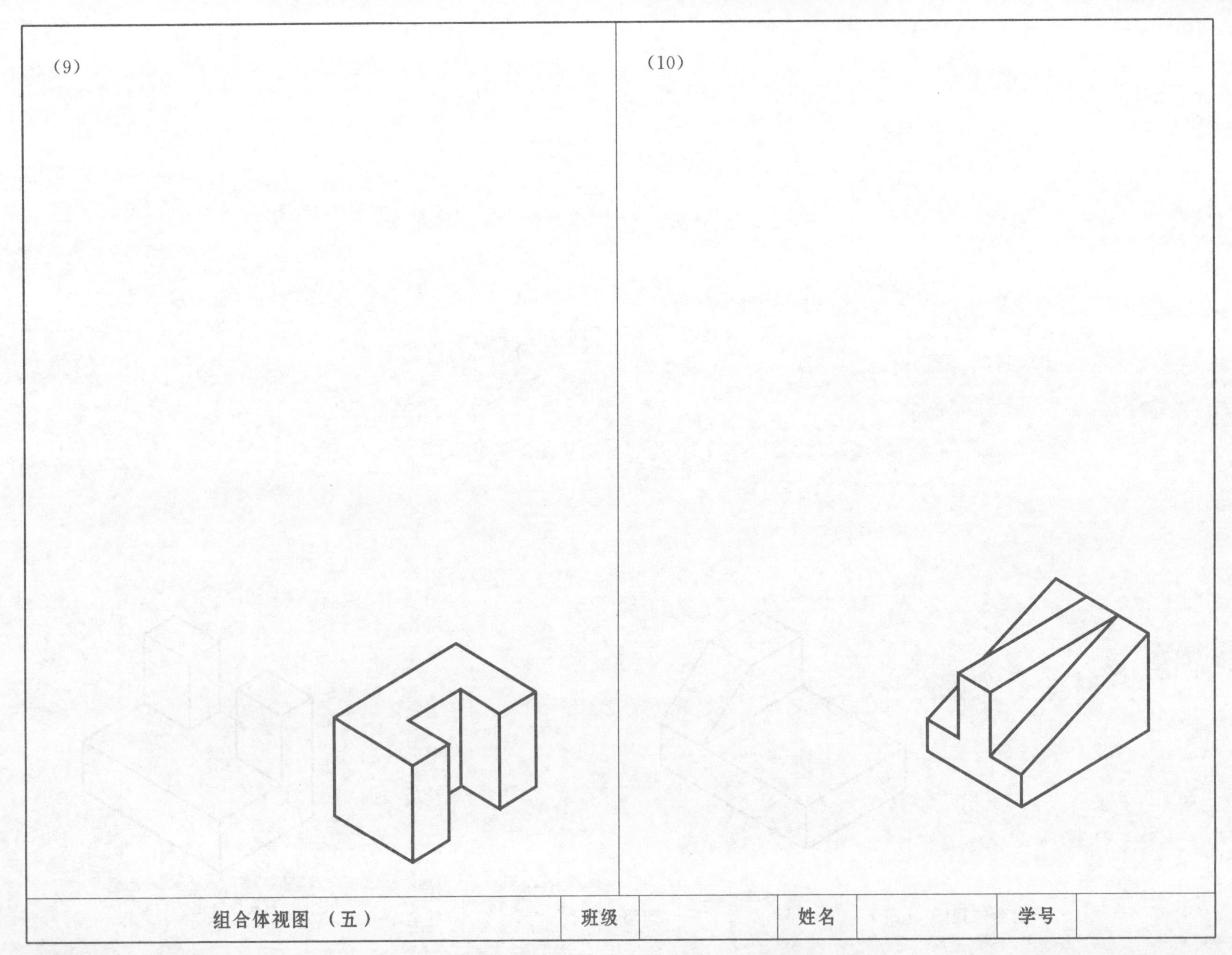

组合体视图 （五）	班级		姓名		学号	

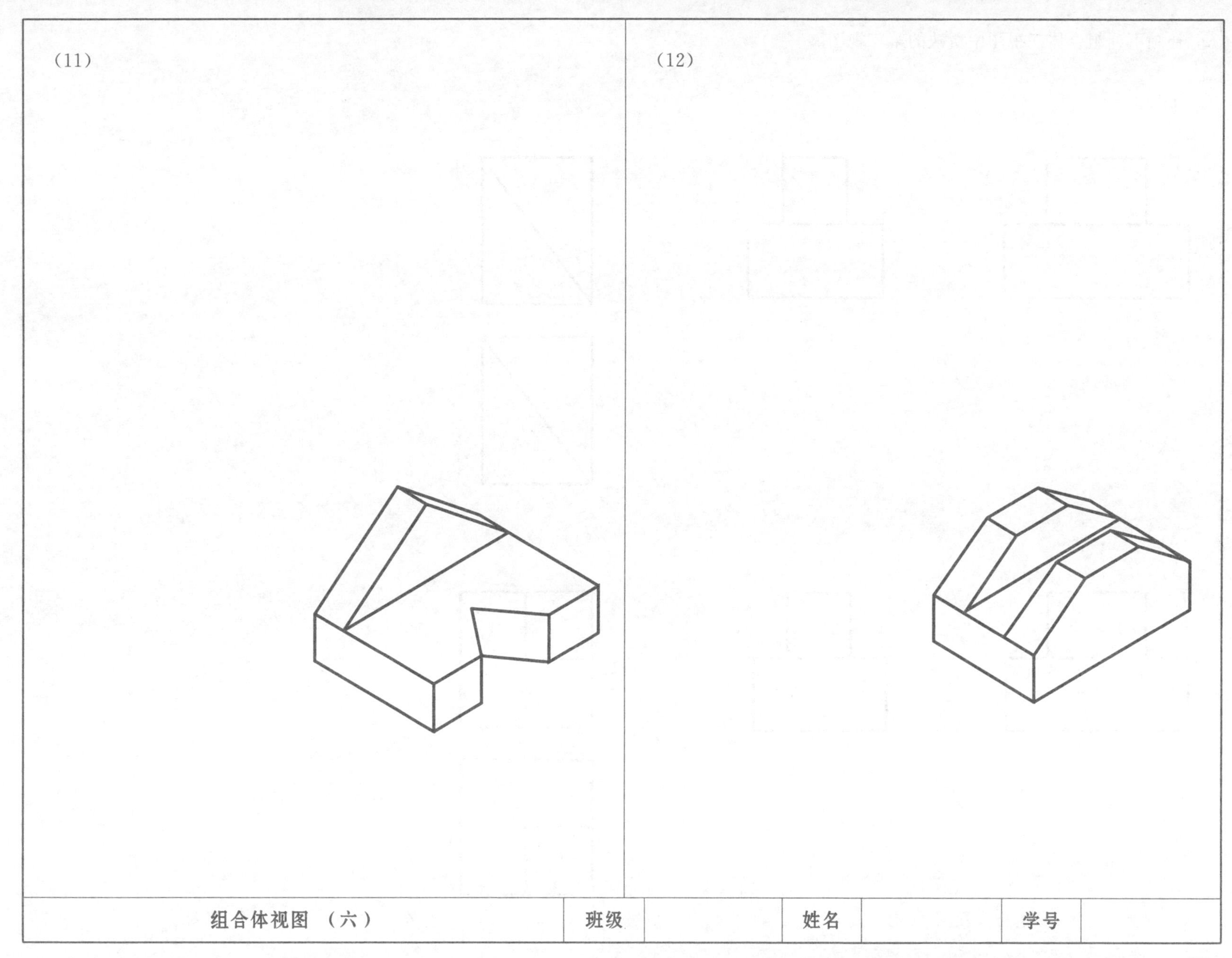

组合体视图（六）	班级		姓名		学号	

2. 补画下列组合体三视图中所缺的第三视图。

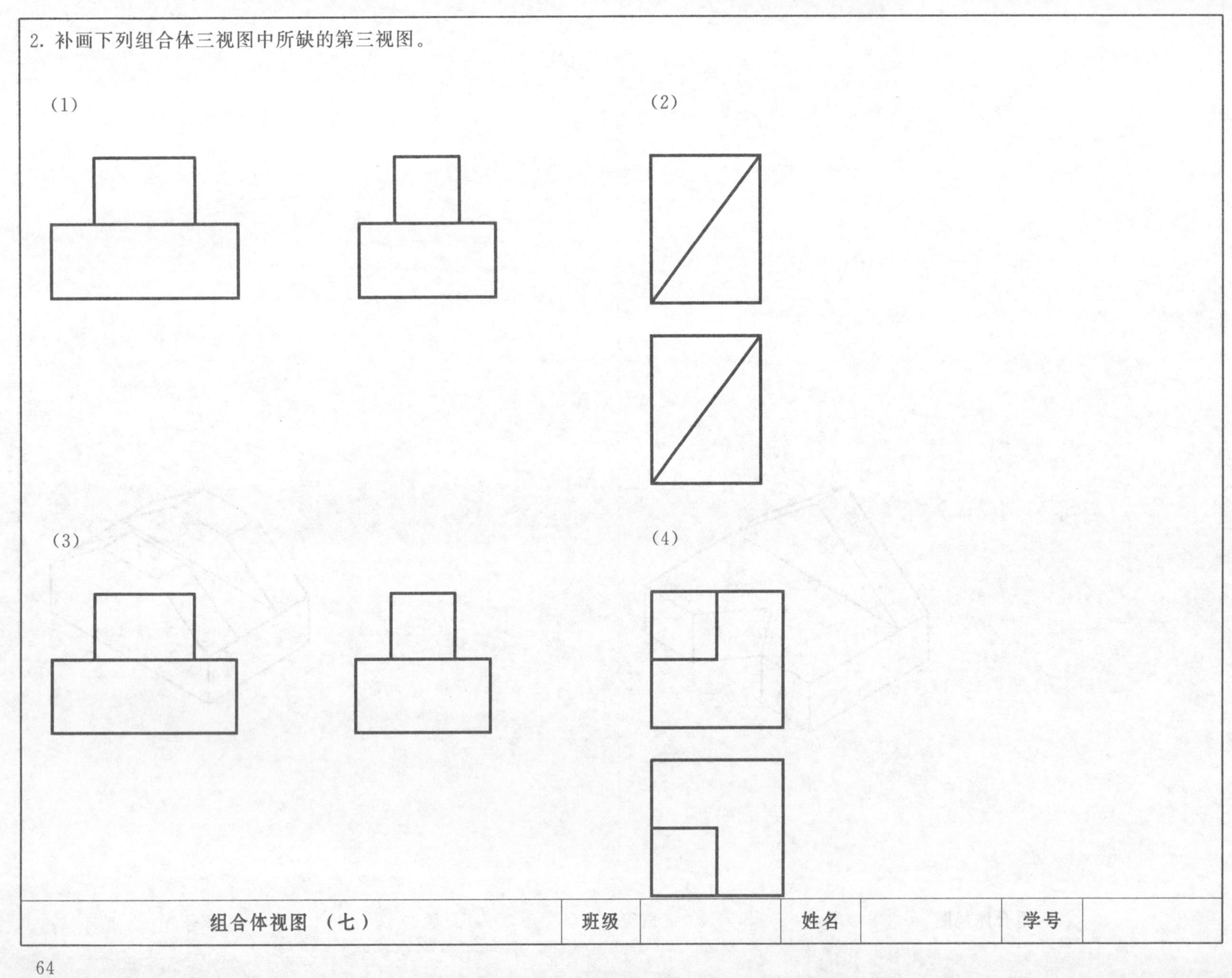

组合体视图（七）	班级		姓名		学号	

3. 根据一面视图，补画另两面视图。

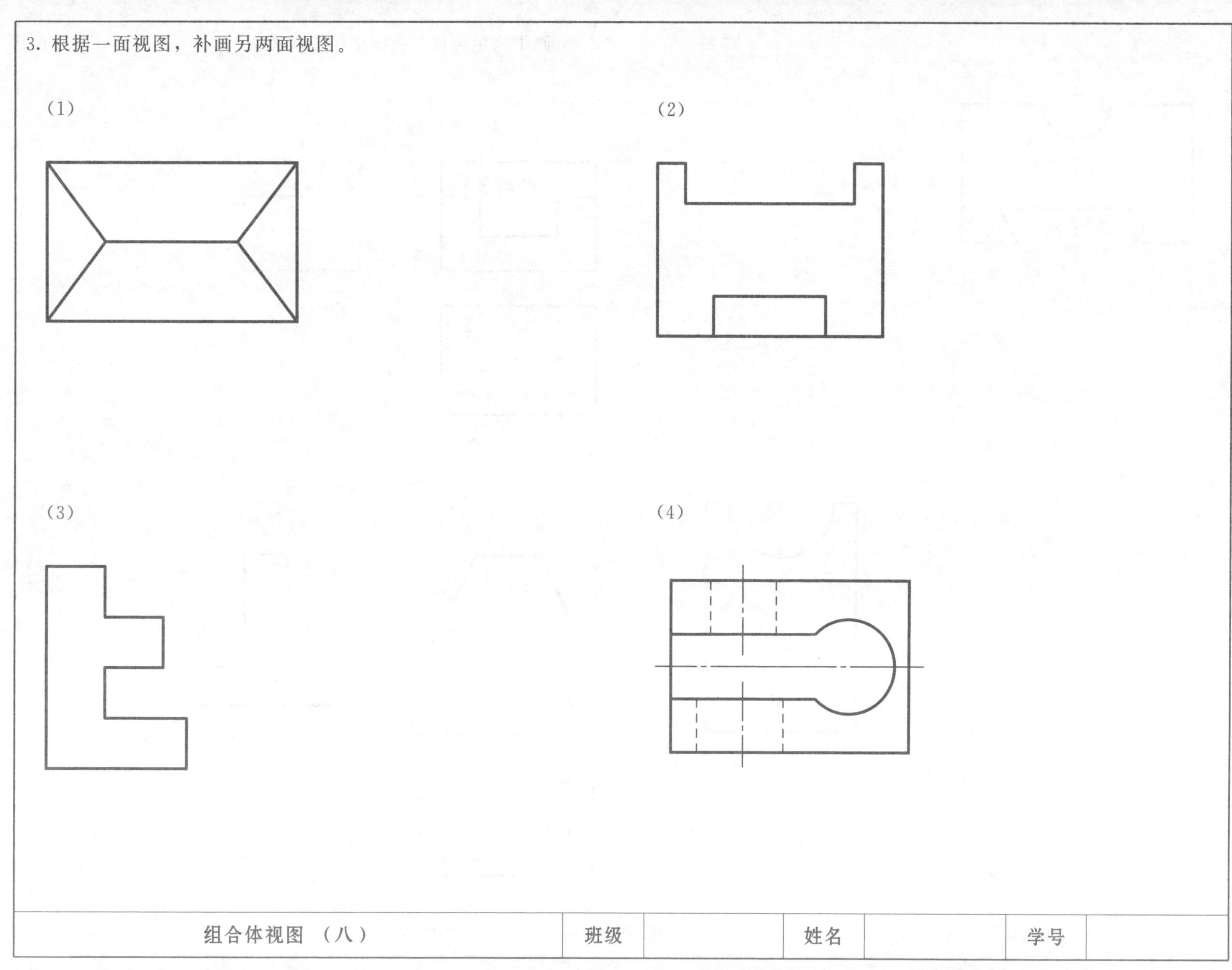

组合体视图（八）	班级		姓名		学号	

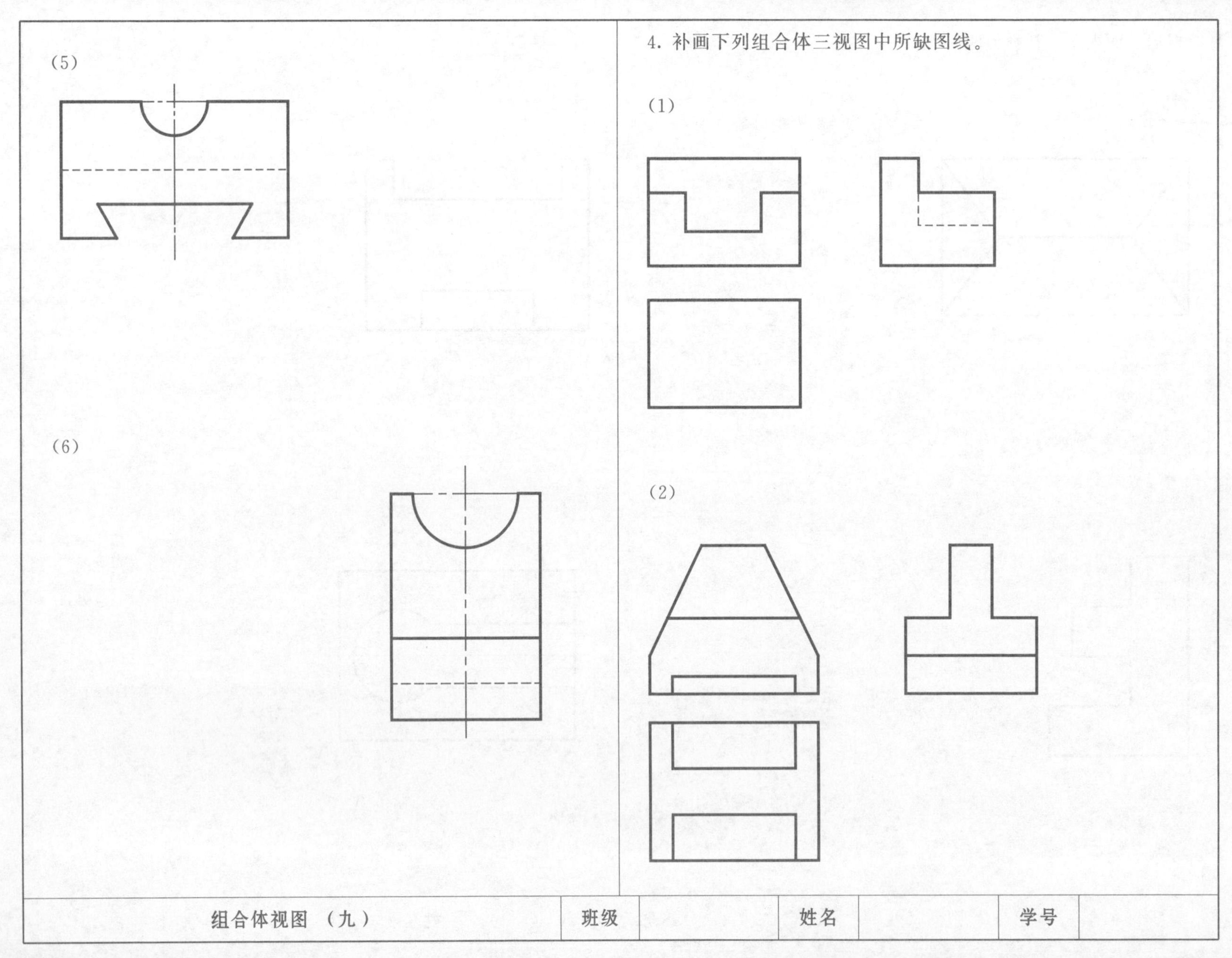
(5)
(6)
4. 补画下列组合体三视图中所缺图线。
(1)
(2)
组合体视图 （九）
班级
姓名
学号

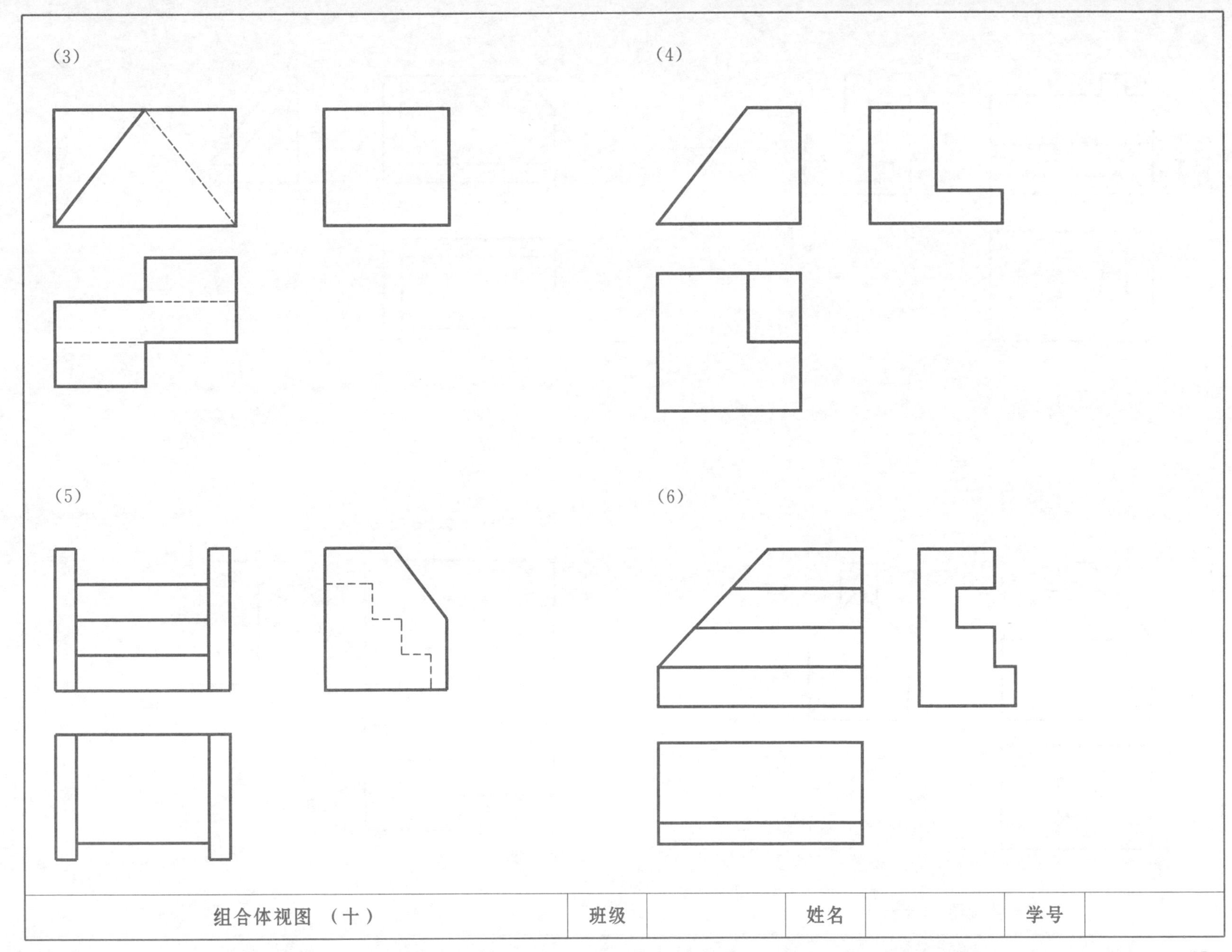

组合体视图（十）	班级		姓名		学号	

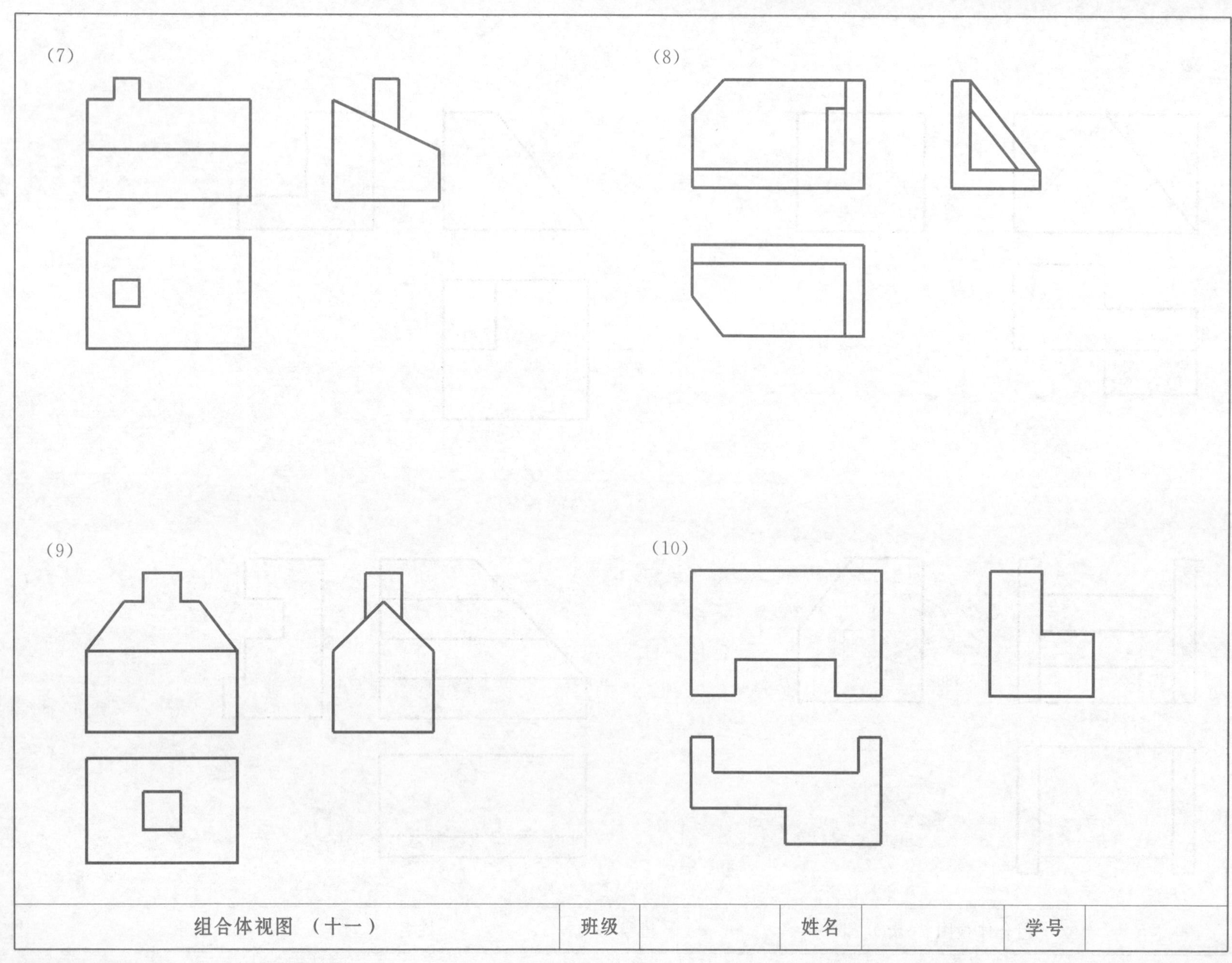

组合体视图（十一）	班级		姓名		学号	

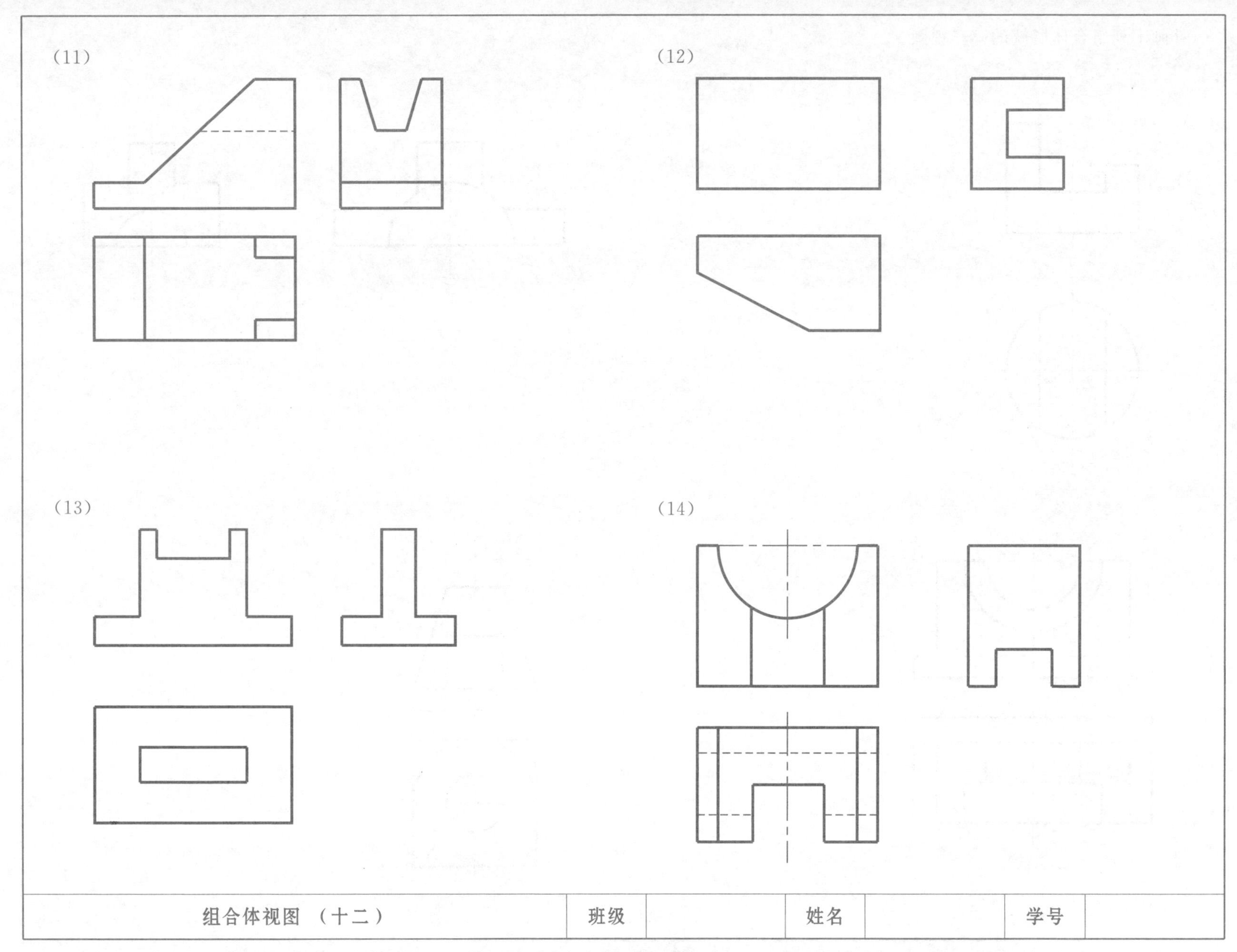

组合体视图 （十二）	班级		姓名		学号	

5. 补画下列组合体所缺的第三视图。

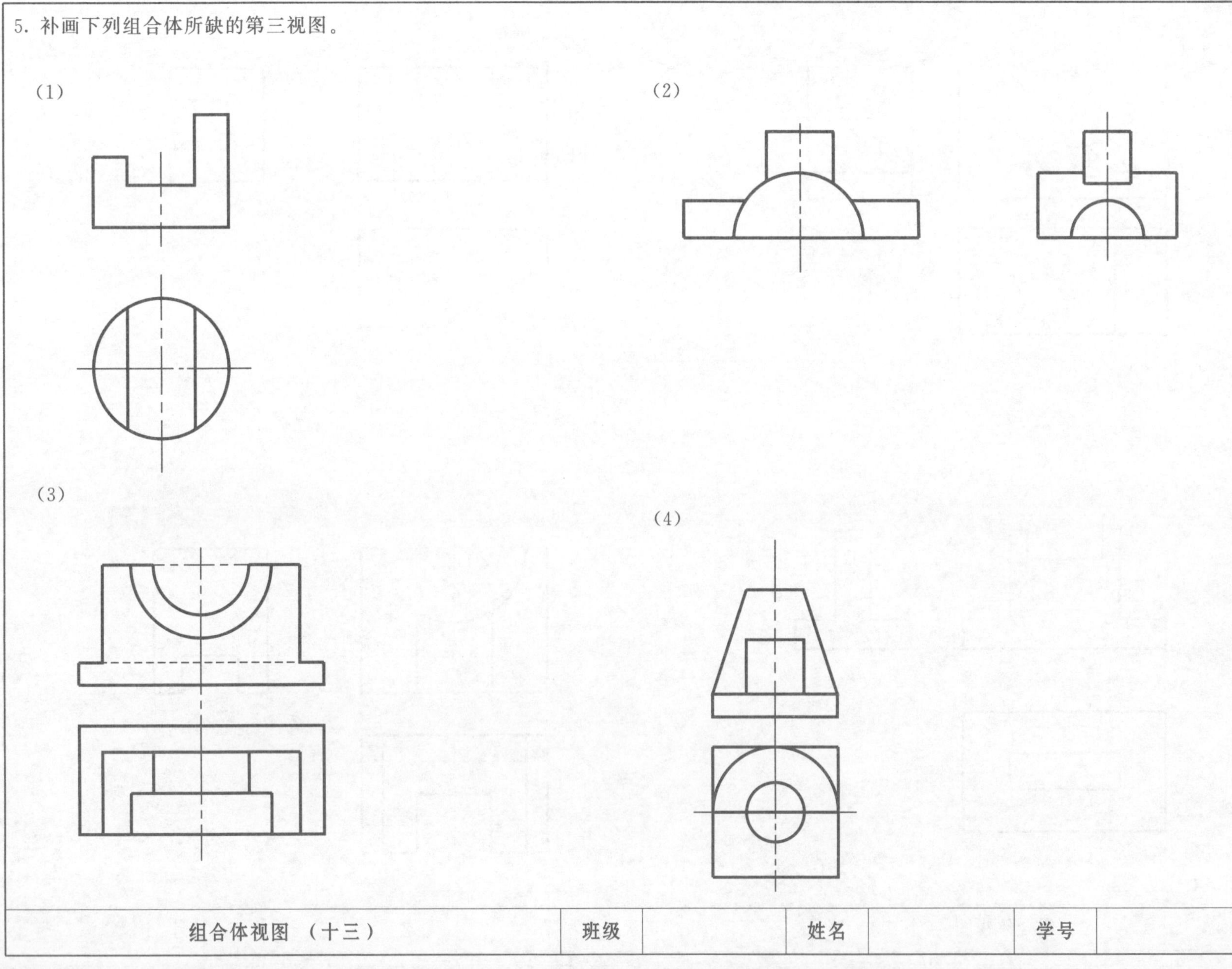

组合体视图（十三）	班级		姓名		学号	

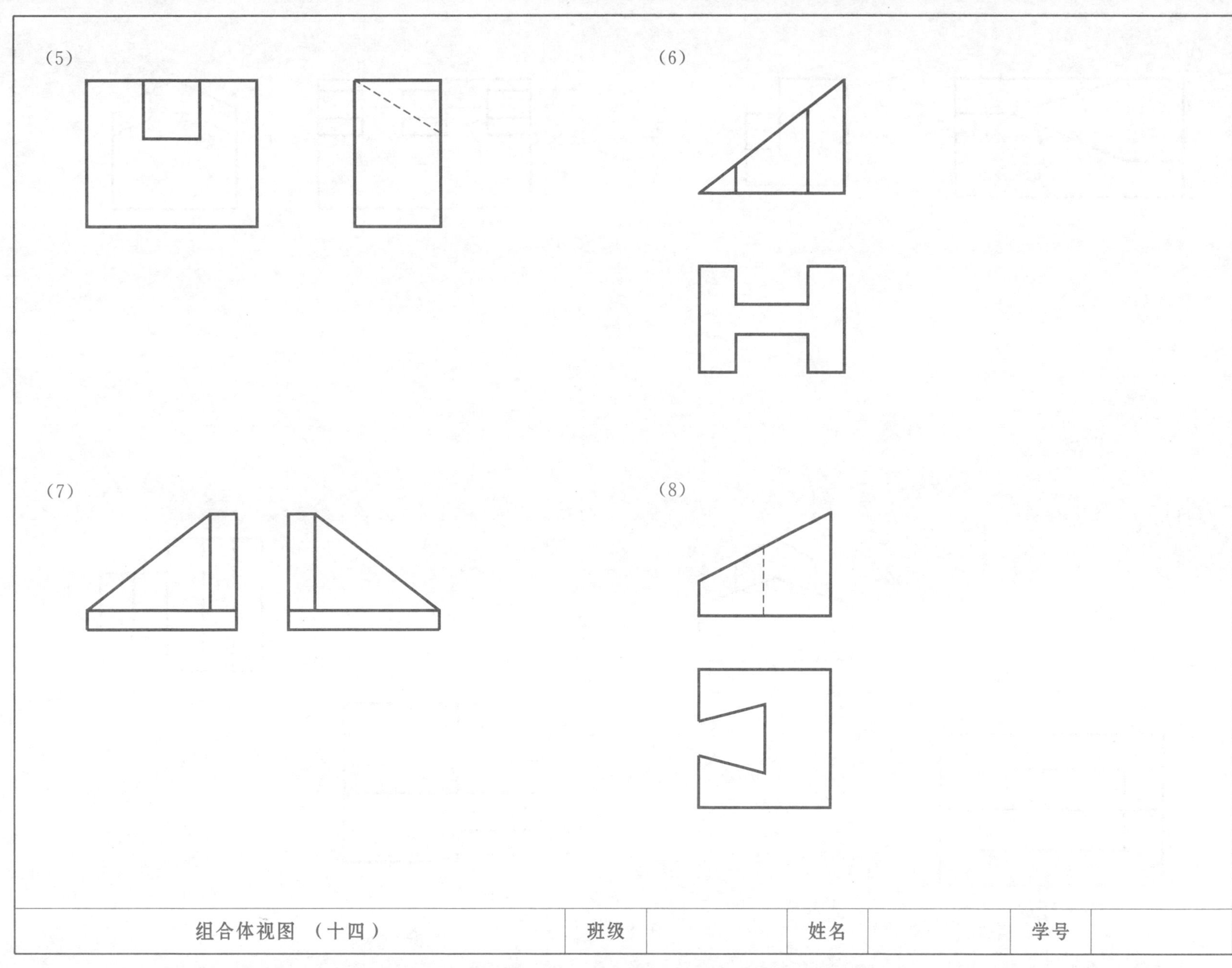
(5)
(6)
(7)
(8)
组合体视图 （十四）
班级
姓名
学号

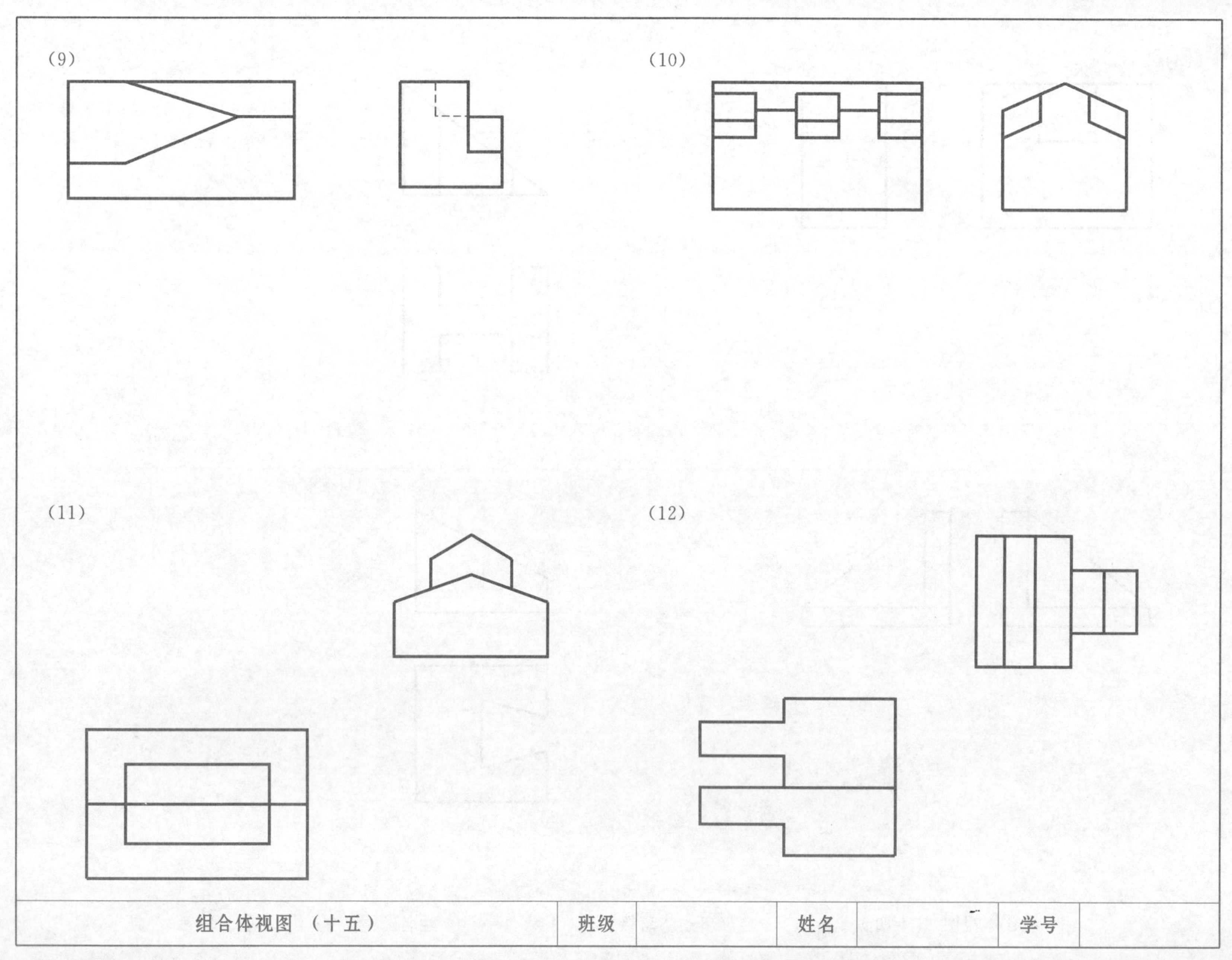

组合体视图 （十五）	班级		姓名		学号	

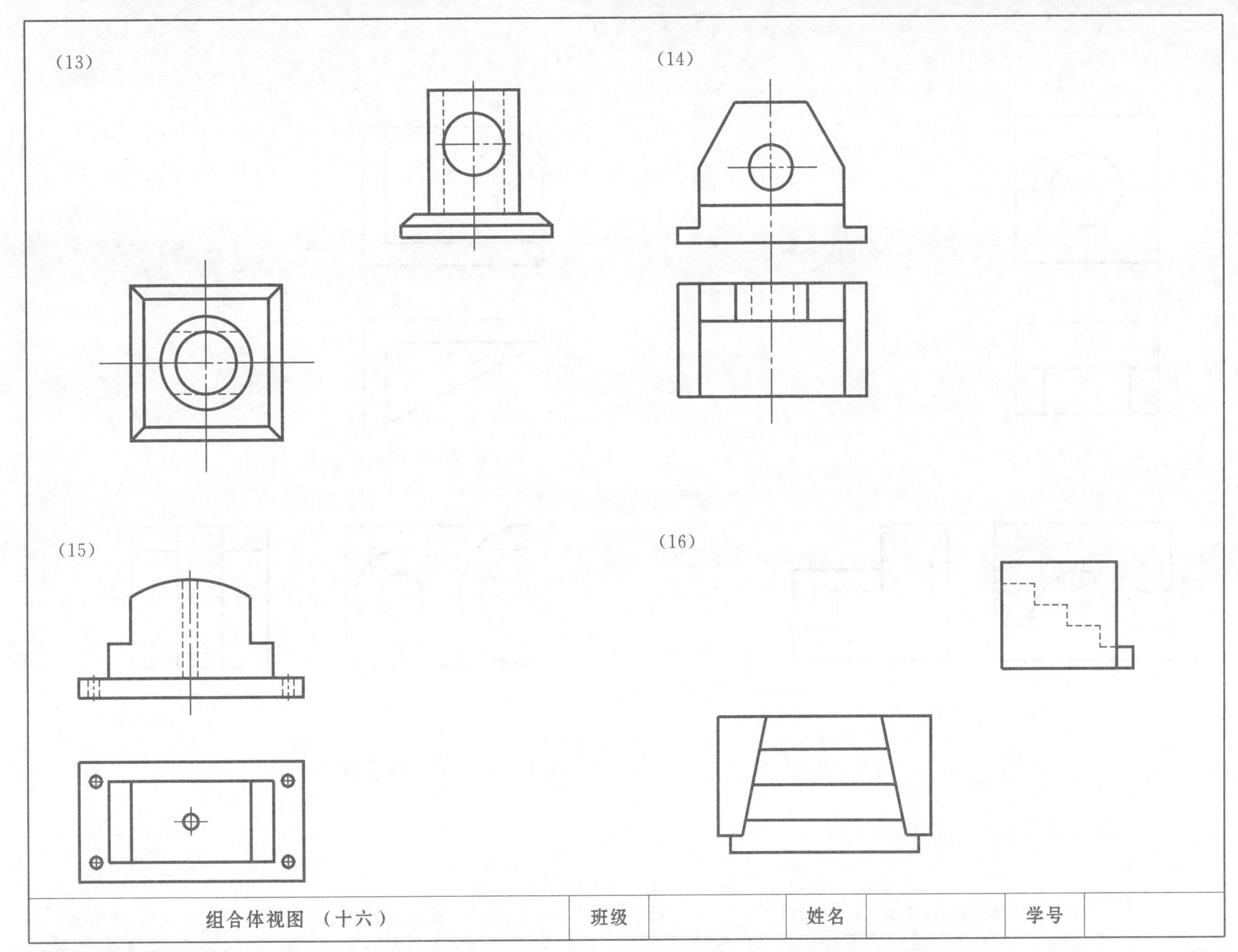
(13)
(14)
(15)
(16)
组合体视图 （十六）
班级
姓名
学号

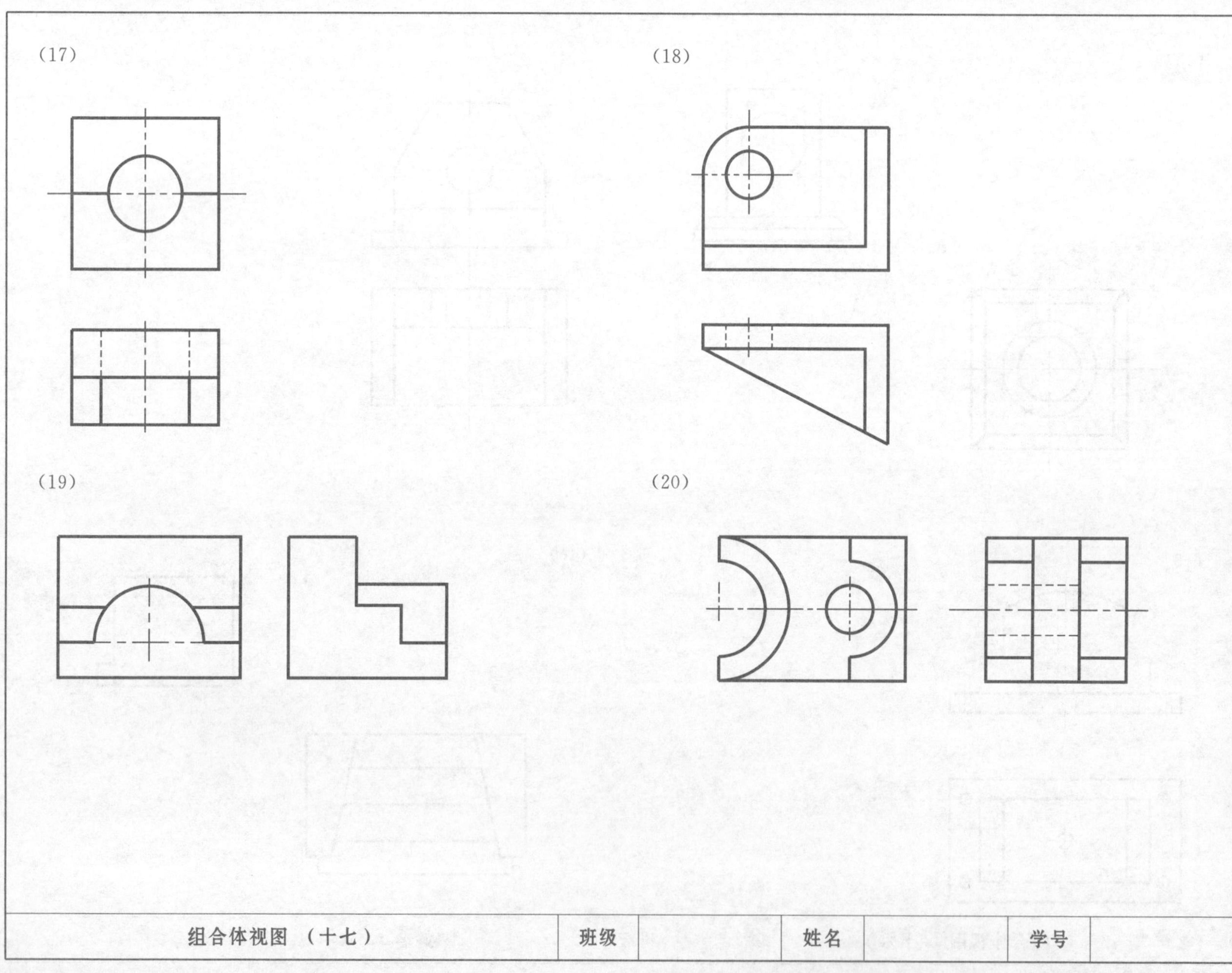

组合体视图 （十七）	班级		姓名		学号	

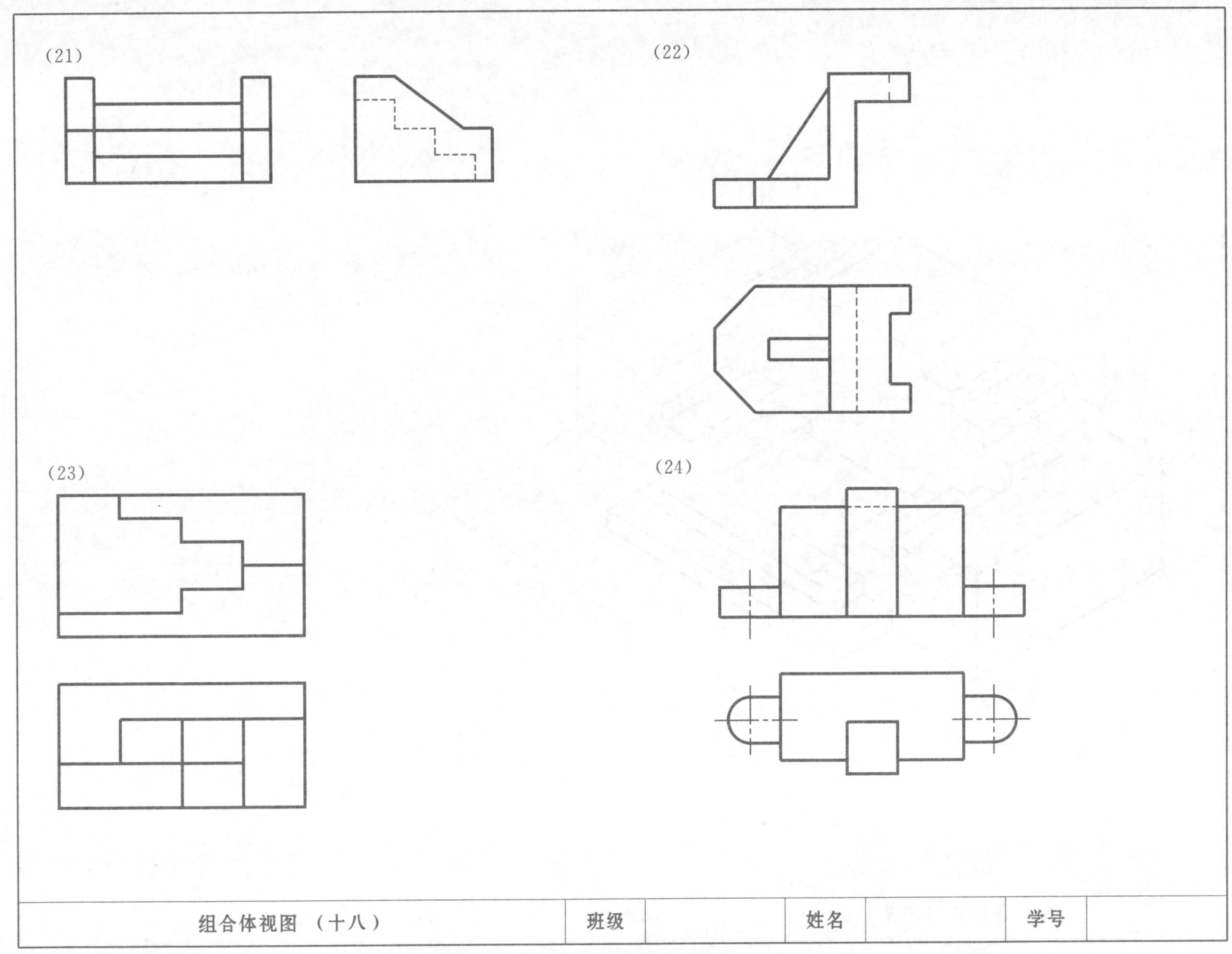

组合体视图（十八）	班级		姓名		学号	

6. 根据立体图画组合体的三视图。

(1)

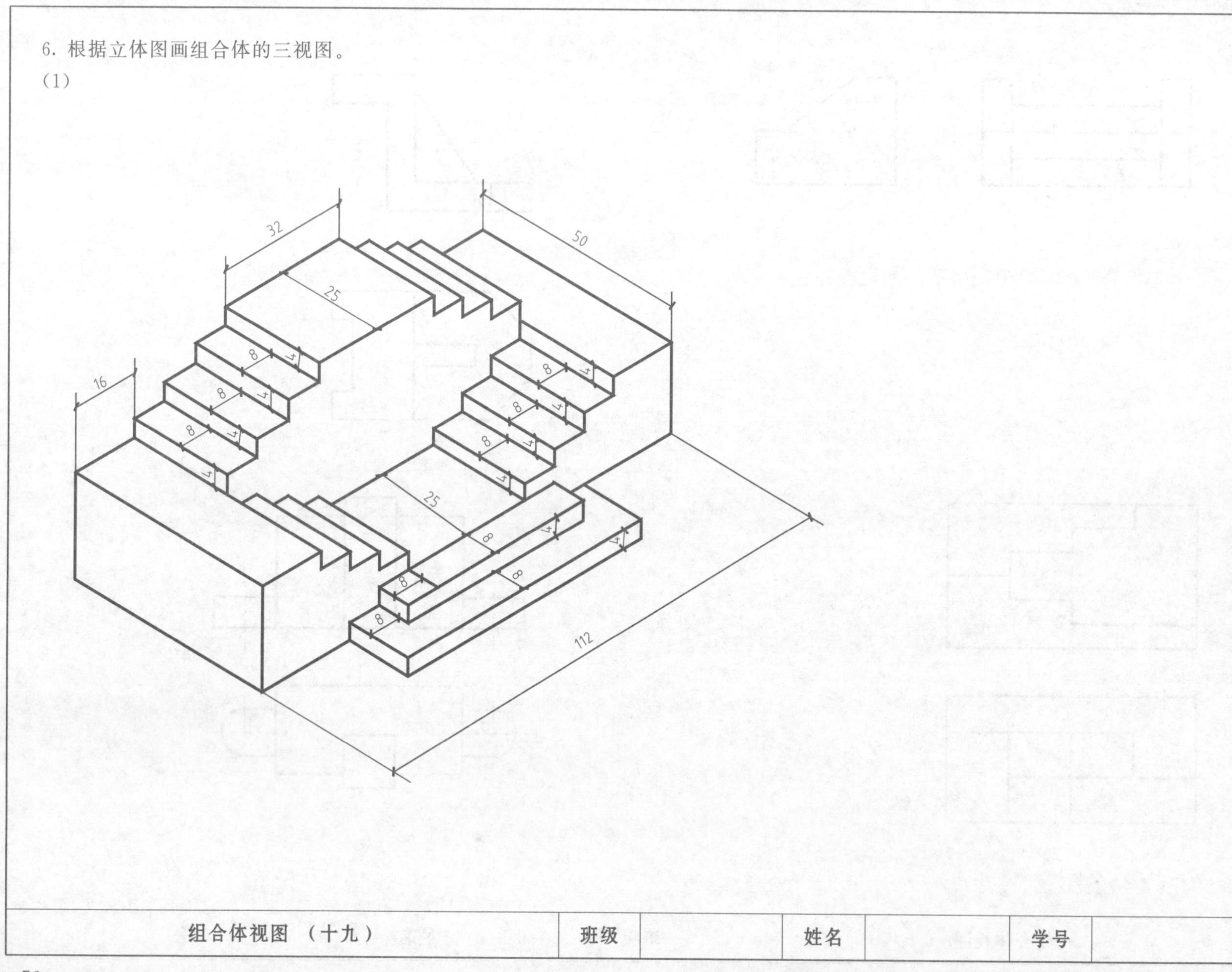

组合体视图（十九）	班级		姓名		学号	

(2)

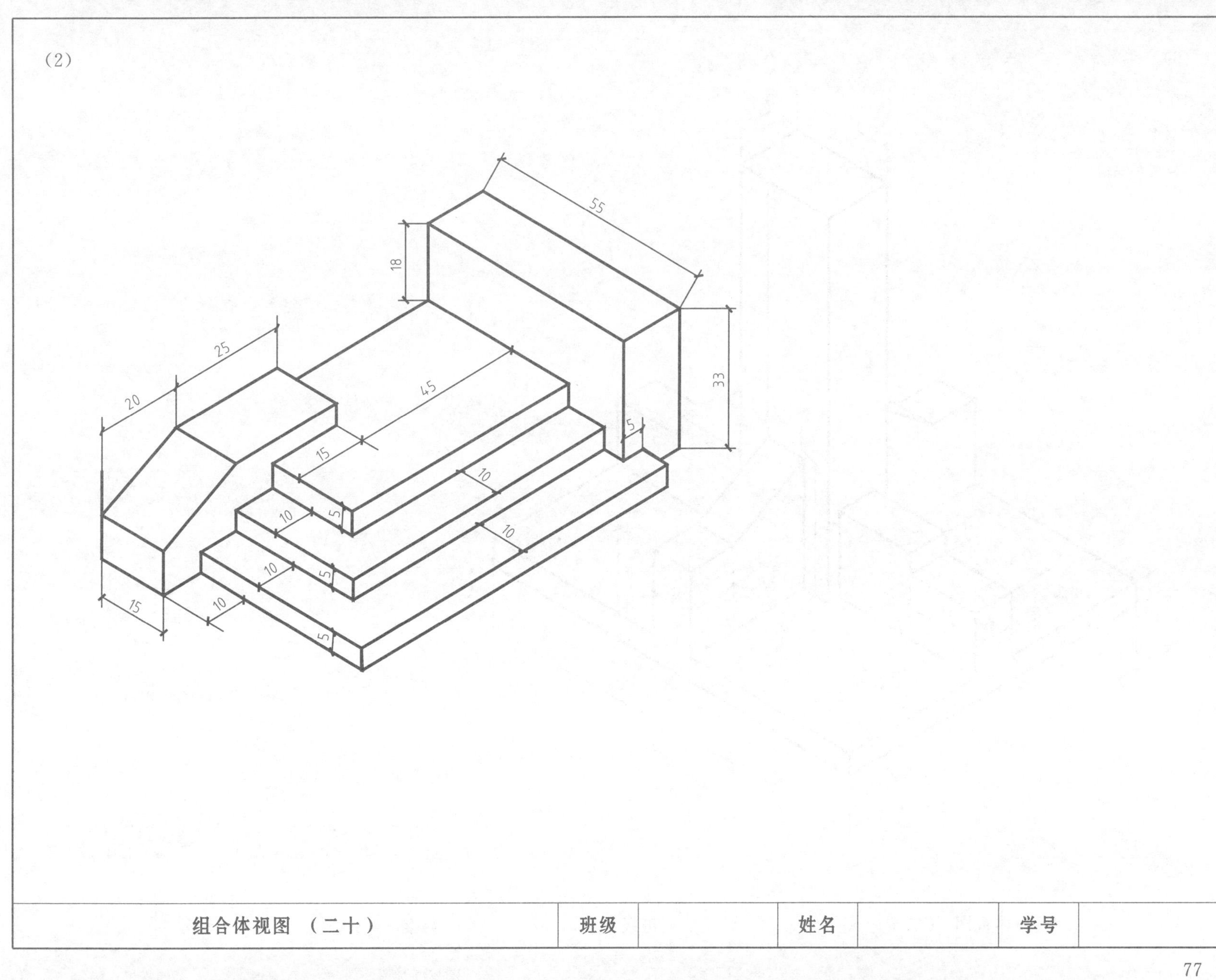

组合体视图 （二十）	班级		姓名		学号	

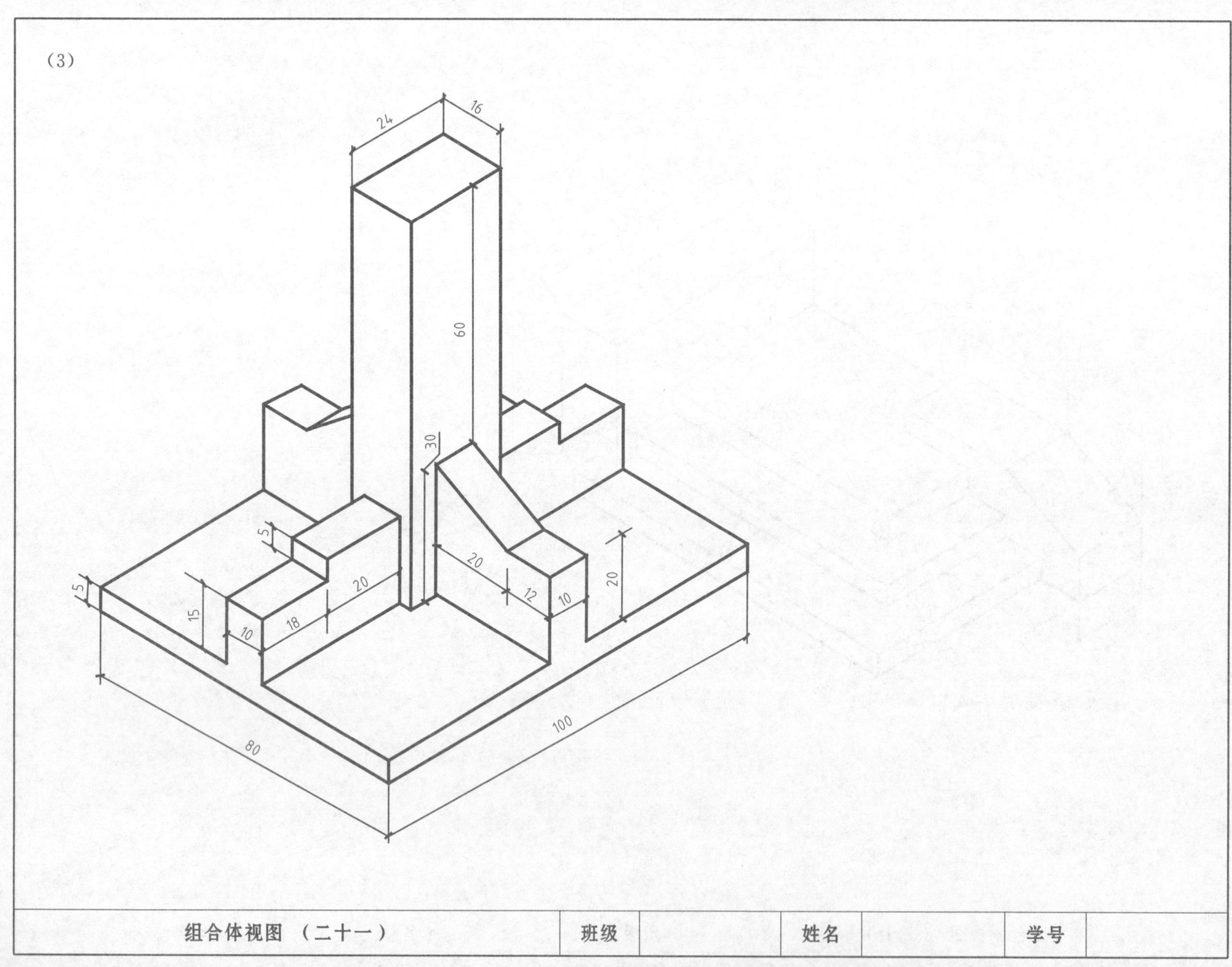

组合体视图（二十一） 班级 姓名 学号

(4)

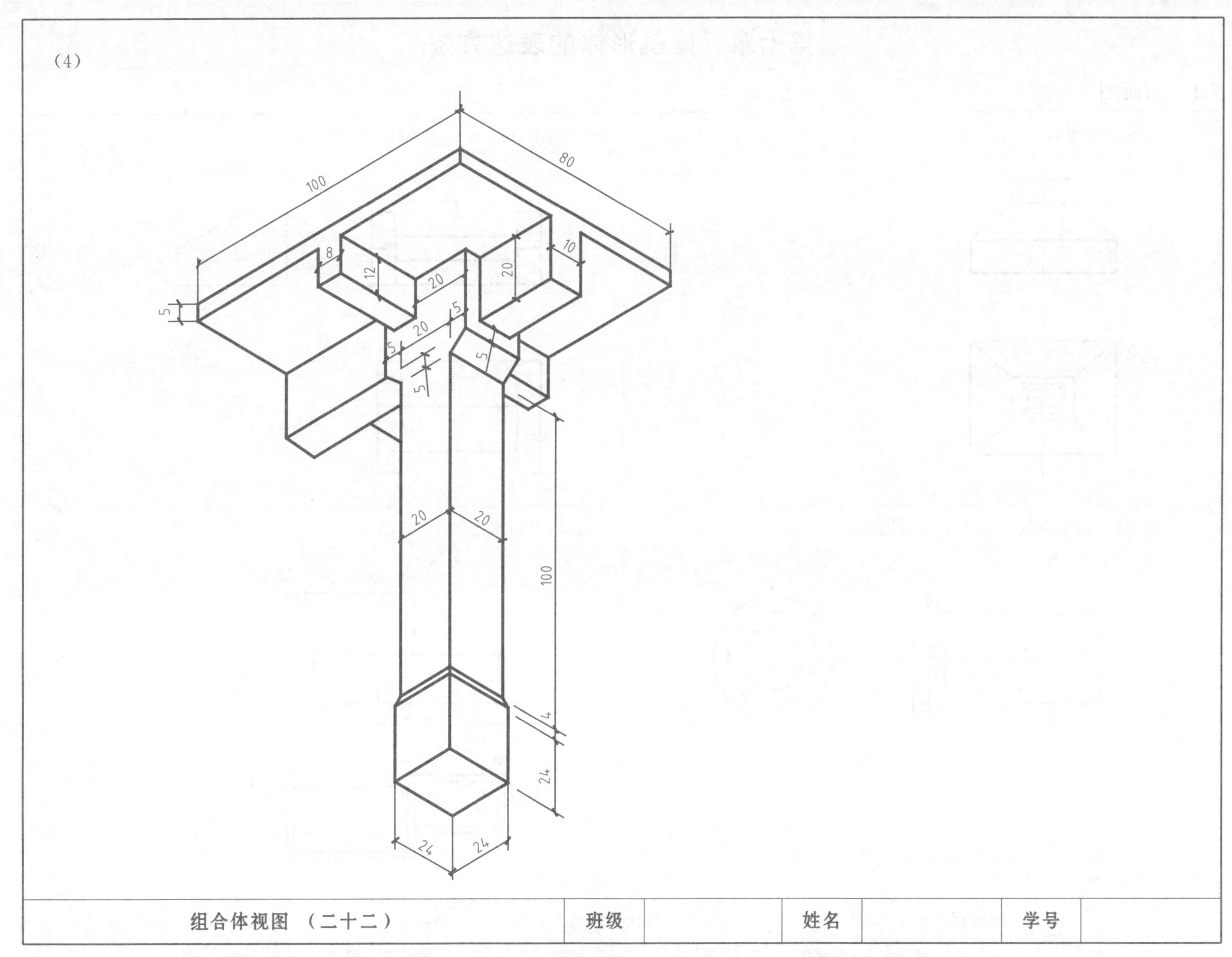

组合体视图 （二十二）	班级		姓名		学号	

第七章　建筑形体的表达方法

7-1　剖面图

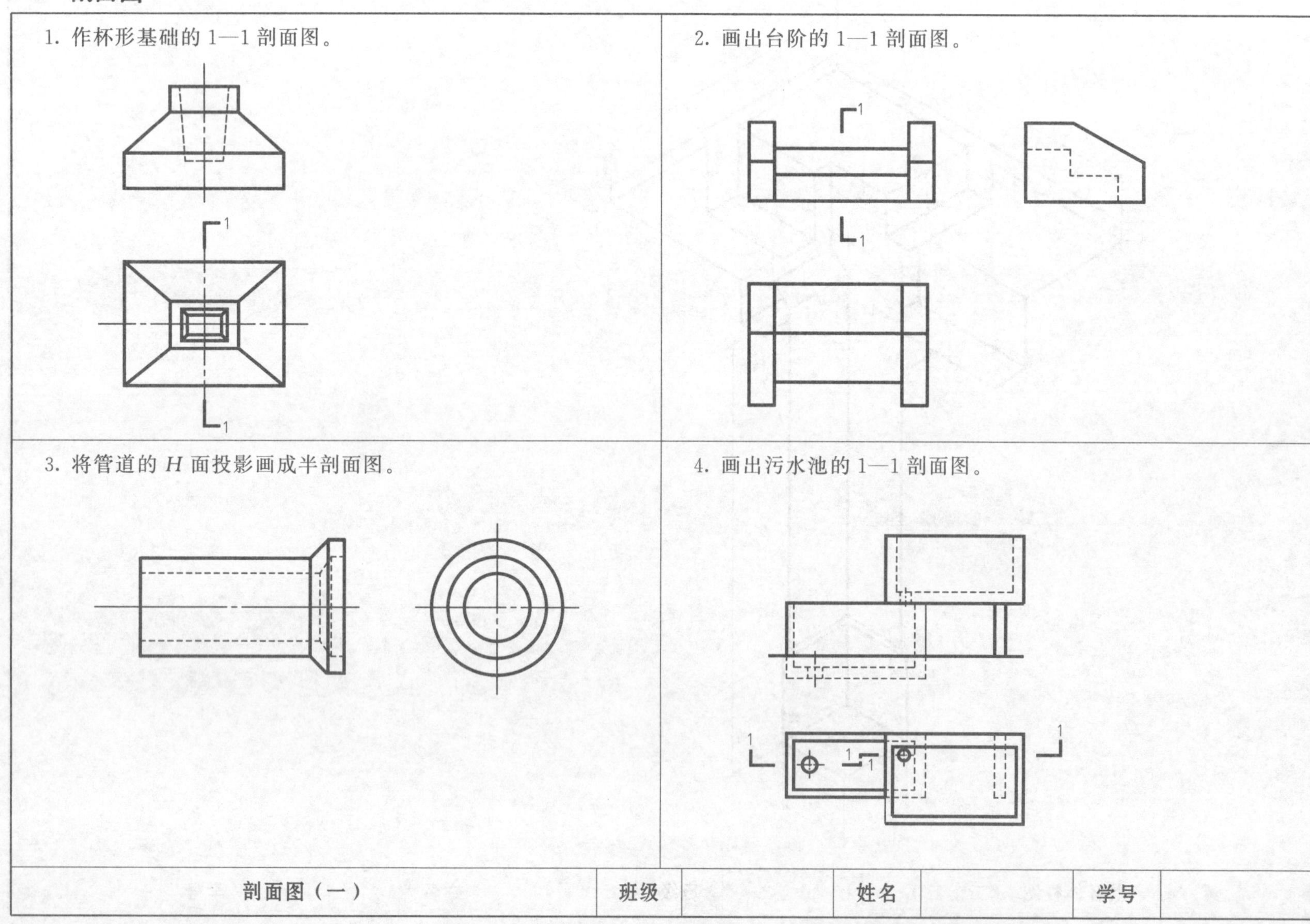

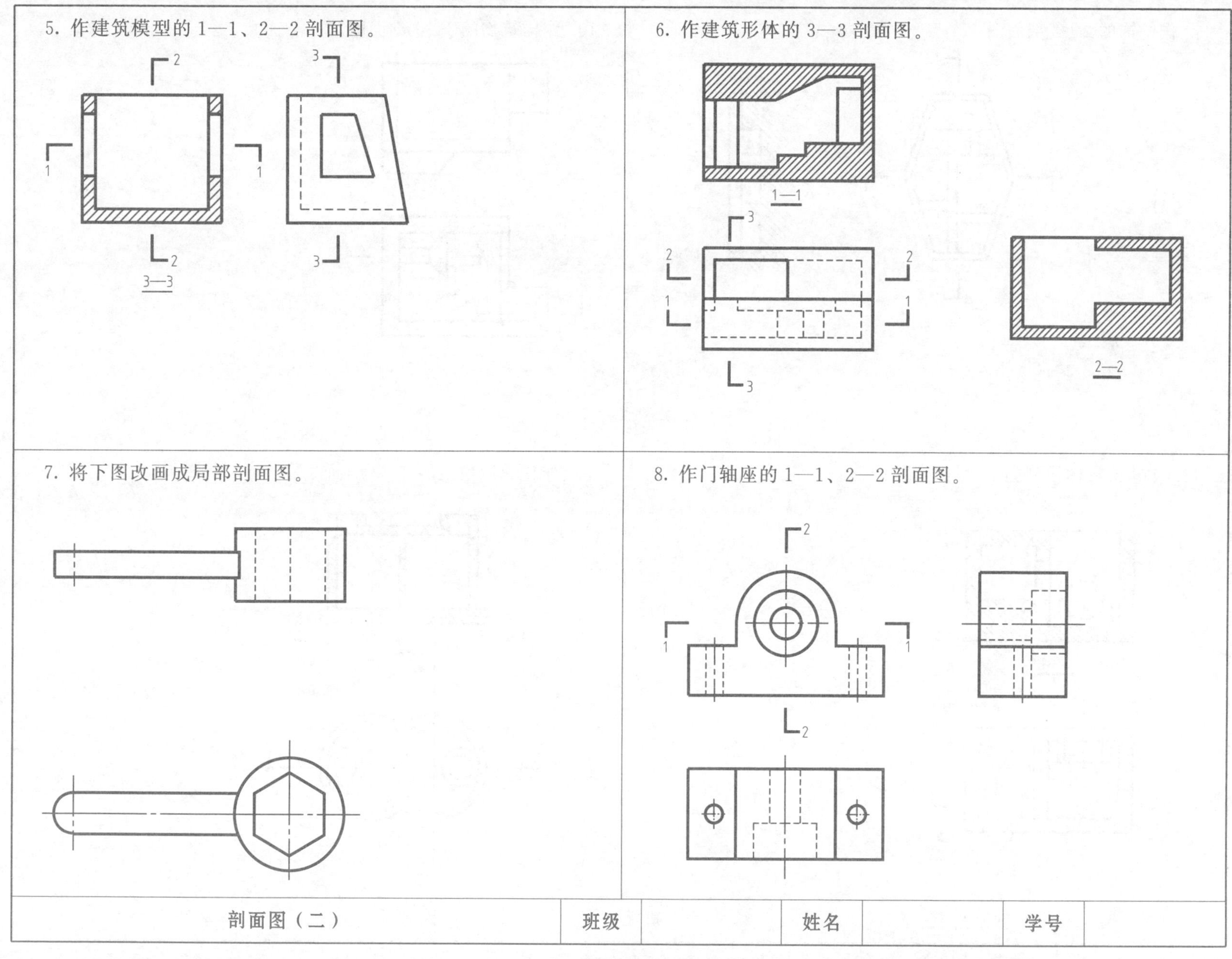

5. 作建筑模型的 1—1、2—2 剖面图。
3—3
6. 作建筑形体的 3—3 剖面图。
1—1
2—2
7. 将下图改画成局部剖面图。
8. 作门轴座的 1—1、2—2 剖面图。
剖面图（二）
班级
姓名
学号

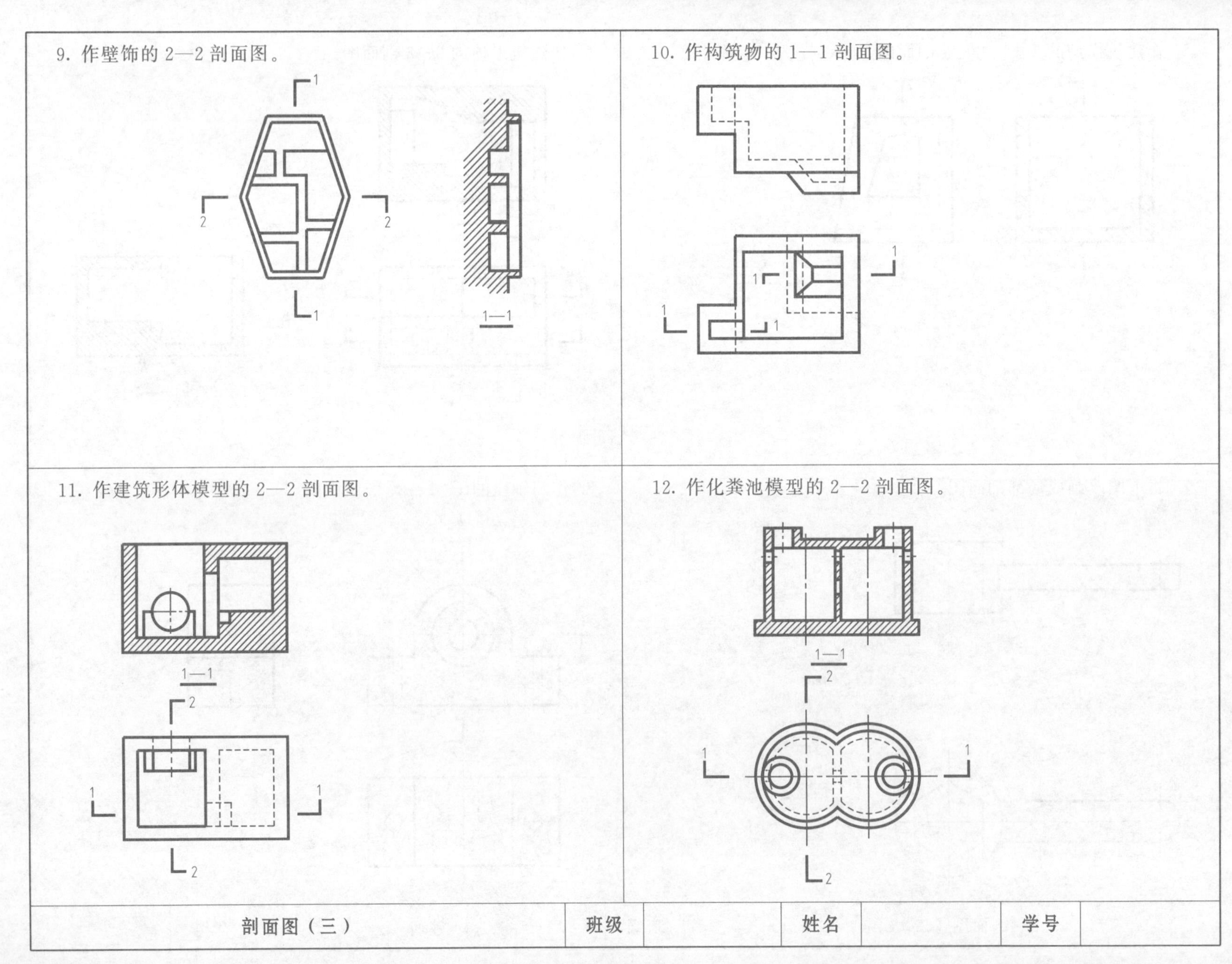
9. 作壁饰的 2—2 剖面图。
1—1
10. 作构筑物的 1—1 剖面图。
11. 作建筑形体模型的 2—2 剖面图。
1—1
12. 作化粪池模型的 2—2 剖面图。
1—1
剖面图（三）
班级
姓名
学号

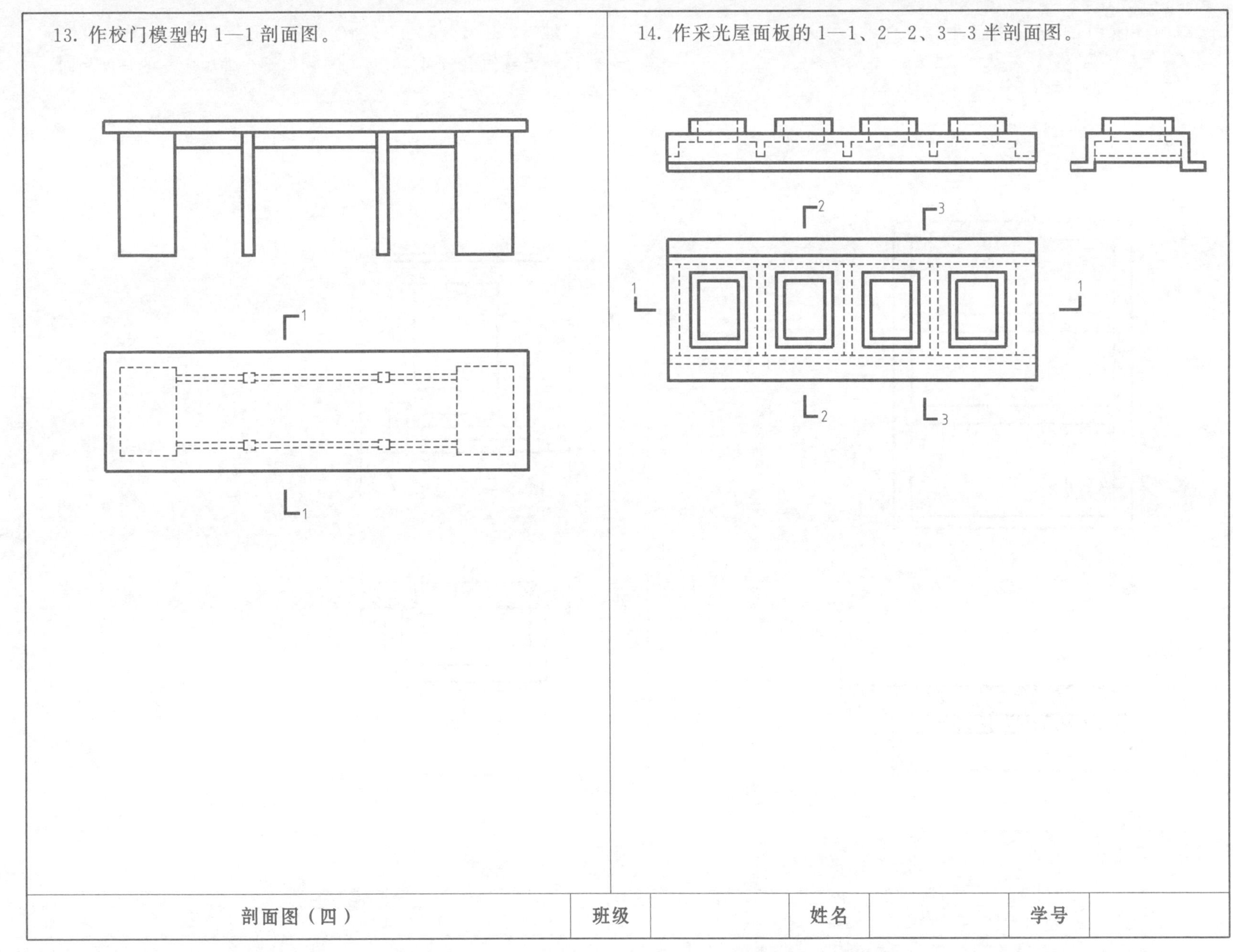
13. 作校门模型的 1—1 剖面图。
1
1
14. 作采光屋面板的 1—1、2—2、3—3 半剖面图。
2
3
1
1
2
3
剖面图（四）
班级
姓名
学号

15. 画出壁柱的2—2剖面图。

16. 作进门口外墙模型的2—2剖面图。

注：雨篷伸出墙面的宽度与进门口平台伸出墙面的宽度相同。

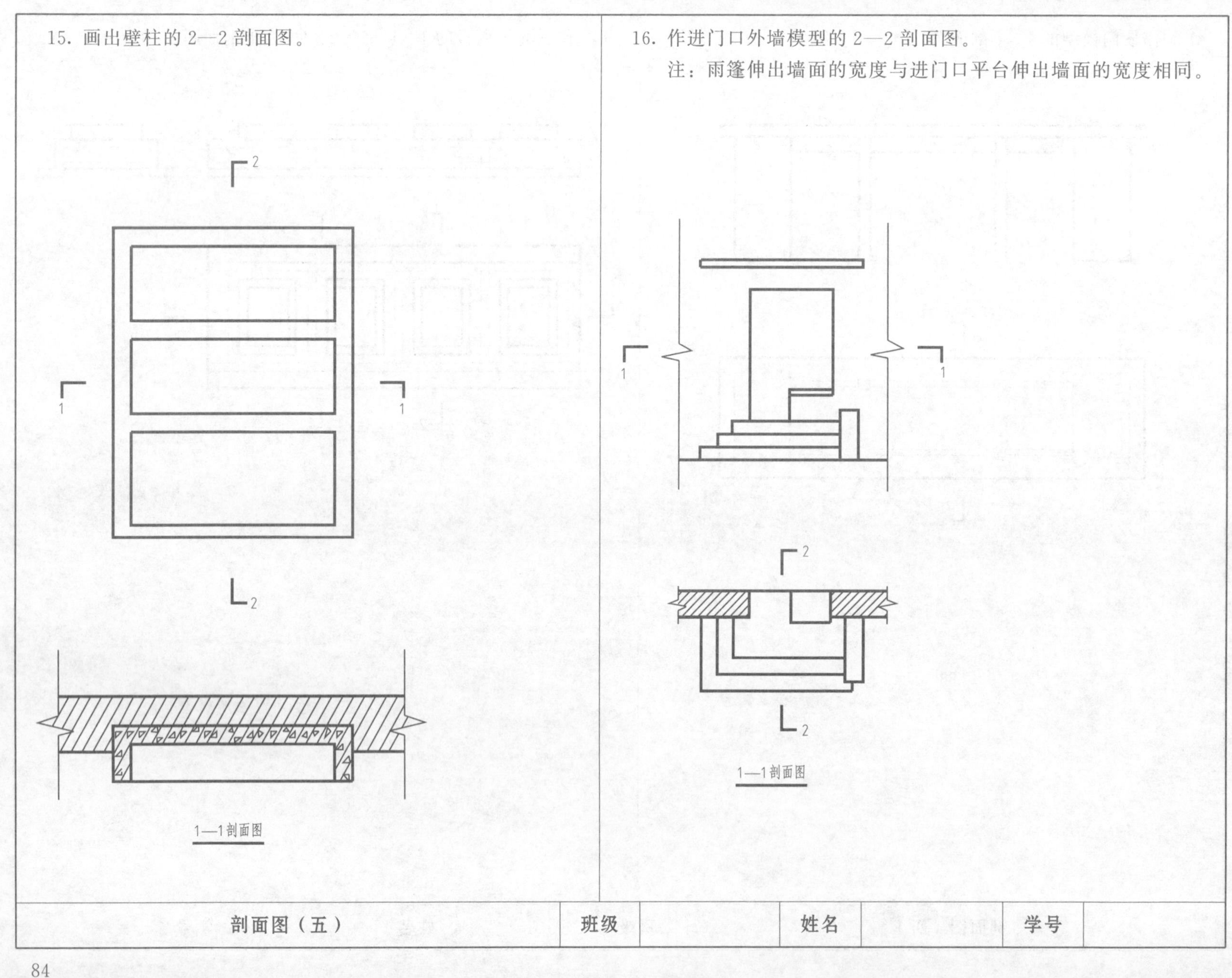

剖面图（五）	班级		姓名		学号	

17. 作房屋模型的 1—1 剖面图（门窗洞口的高度分别相同）。

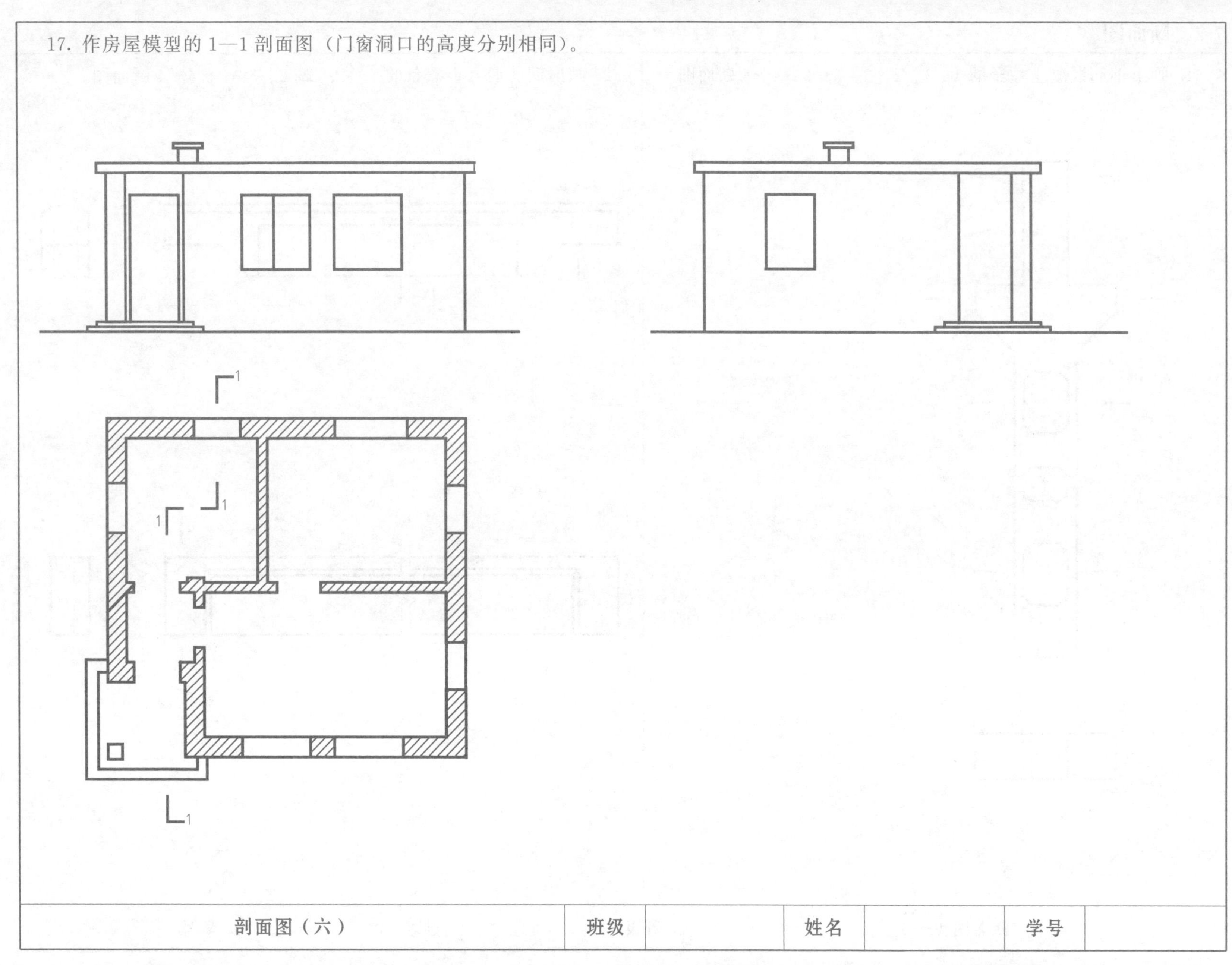

剖面图（六）	班级		姓名		学号	

7-2 断面图

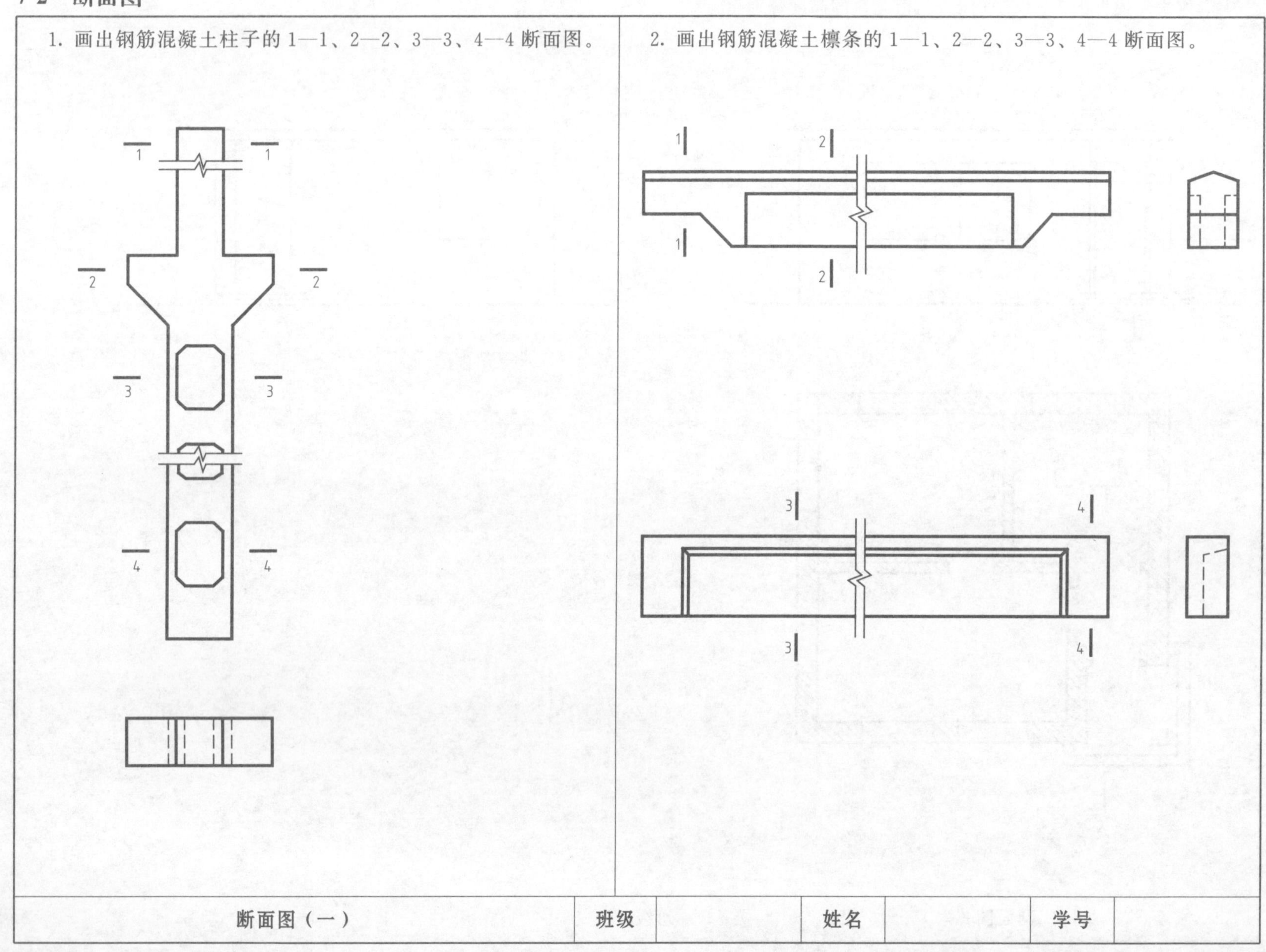
1. 画出钢筋混凝土柱子的1—1、2—2、3—3、4—4断面图。
2. 画出钢筋混凝土檩条的1—1、2—2、3—3、4—4断面图。
1
1
2
2
3
3
4
4
断面图（一）
班级
姓名
学号

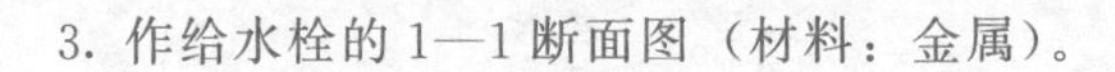

3. 作给水栓的 1—1 断面图（材料：金属）。

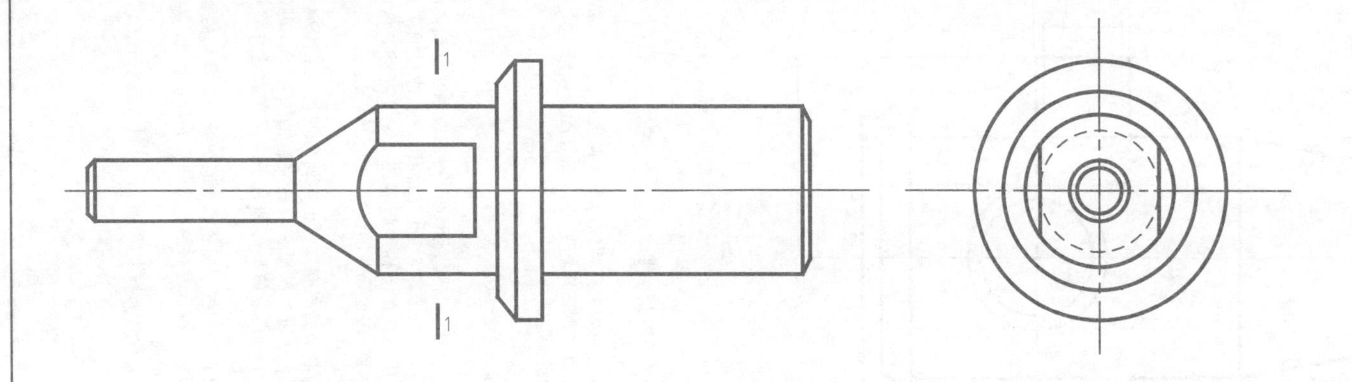

4. 作台阶的 1—1 断面图（材料：混凝土）。

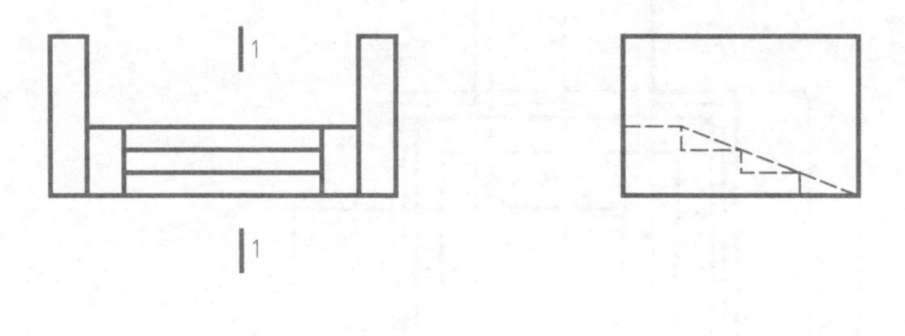

5. 将 1—1 剖面图中装饰部分用重合断面的表示方法，画在正立面图上。

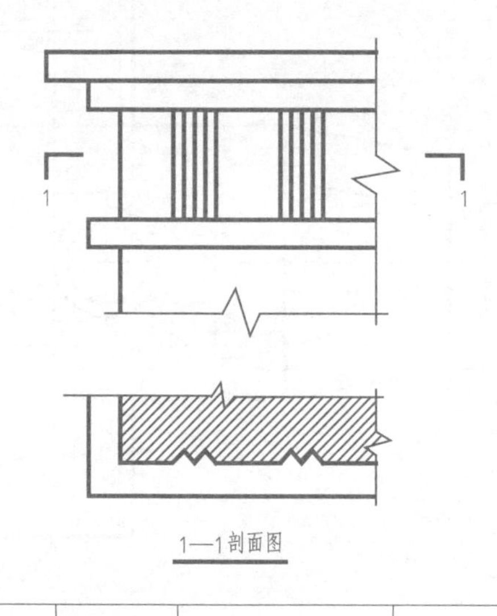

1—1 剖面图

断面图（二）	班级		姓名		学号	

7-3 建筑形体的剖面图

绘制检查井的剖面图。

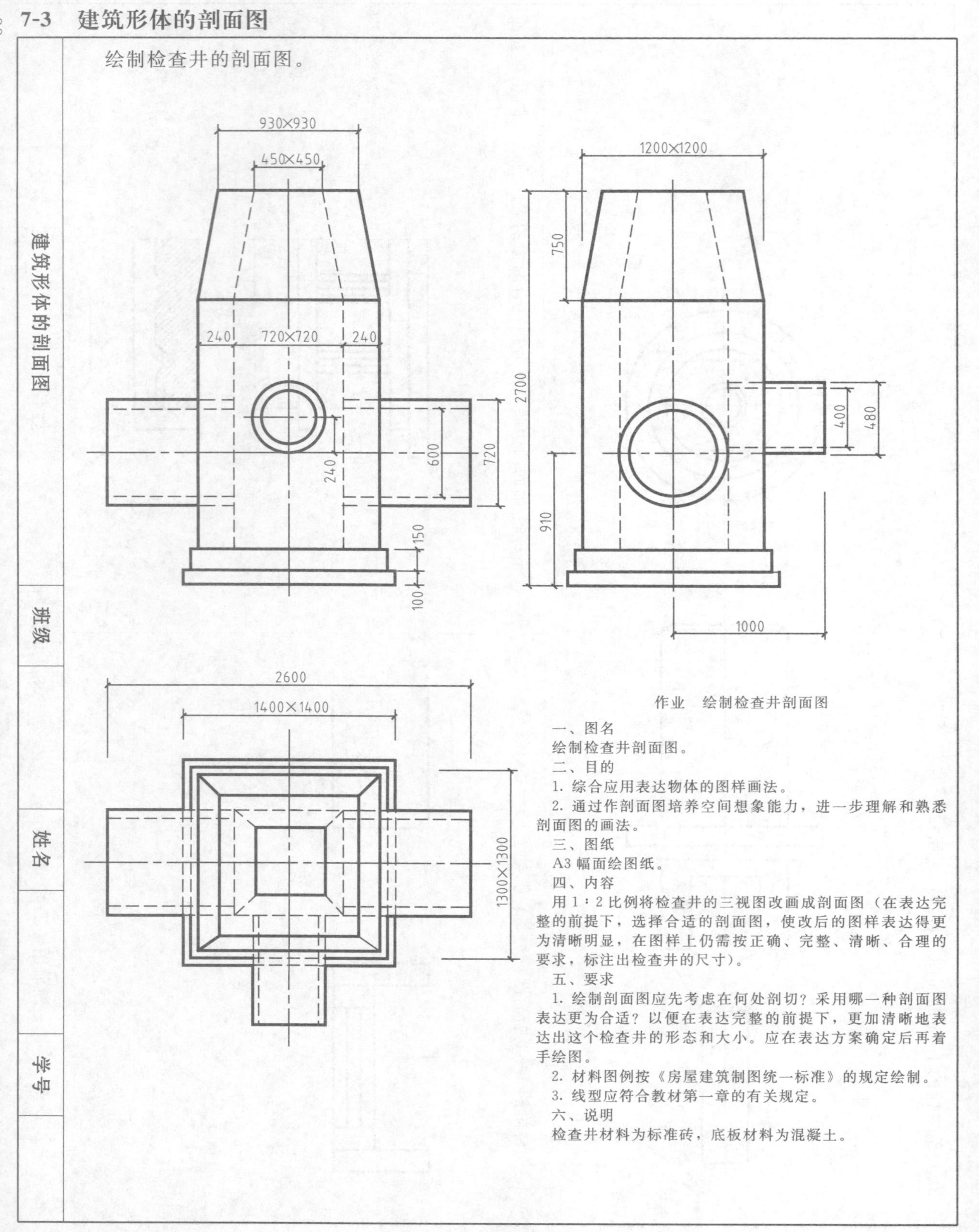

作业　绘制检查井剖面图

一、图名

绘制检查井剖面图。

二、目的

1. 综合应用表达物体的图样画法。

2. 通过作剖面图培养空间想象能力，进一步理解和熟悉剖面图的画法。

三、图纸

A3 幅面绘图纸。

四、内容

用 1：2 比例将检查井的三视图改画成剖面图（在表达完整的前提下，选择合适的剖面图，使改后的图样表达得更为清晰明显，在图样上仍需按正确、完整、清晰、合理的要求，标注出检查井的尺寸）。

五、要求

1. 绘制剖面图应先考虑在何处剖切？采用哪一种剖面图表达更为合适？以便在表达完整的前提下，更加清晰地表达出这个检查井的形态和大小。应在表达方案确定后再着手绘图。

2. 材料图例按《房屋建筑制图统一标准》的规定绘制。

3. 线型应符合教材第一章的有关规定。

六、说明

检查井材料为标准砖，底板材料为混凝土。

建筑形体的剖面图	班级		姓名		学号	

第八章　计算机绘图的基本知识与操作

1. 建立若干图层，按下列线型画出图形。

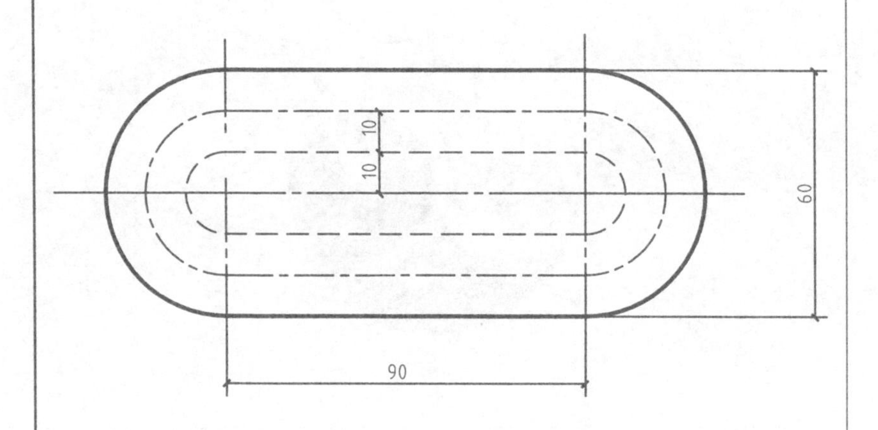

2. 用细实线任意绘出一矩形，并以矩形的四边中心为圆心用粗实线作出四个圆。

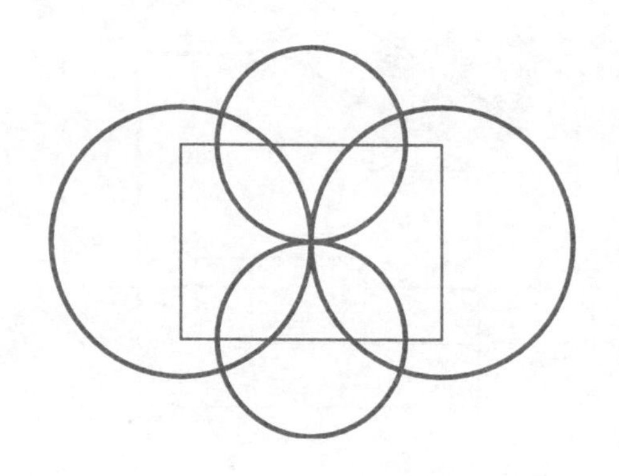

3. 用细实线作任意三个圆，使用对象捕捉的方法将三个圆的中心连成一个三角形。

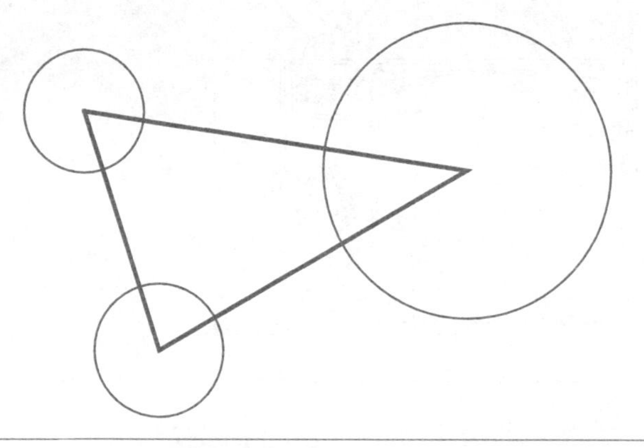

4. 直线 AB 长 120 且与水平方向夹角为 35 度，用捕捉功能在 AB 上作一圆，半径为 20，圆心 O 距 A 点 80，再过 A 点作此圆的切线 AC、AD。

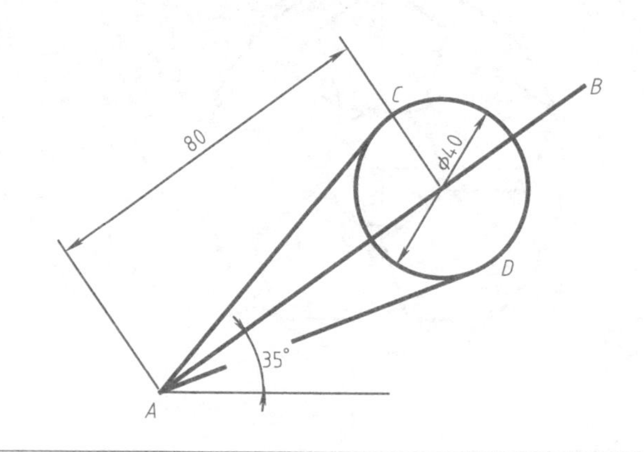

绘图基本知识与操作	班级		姓名		学号	

第九章 基本绘图命令与编辑方法

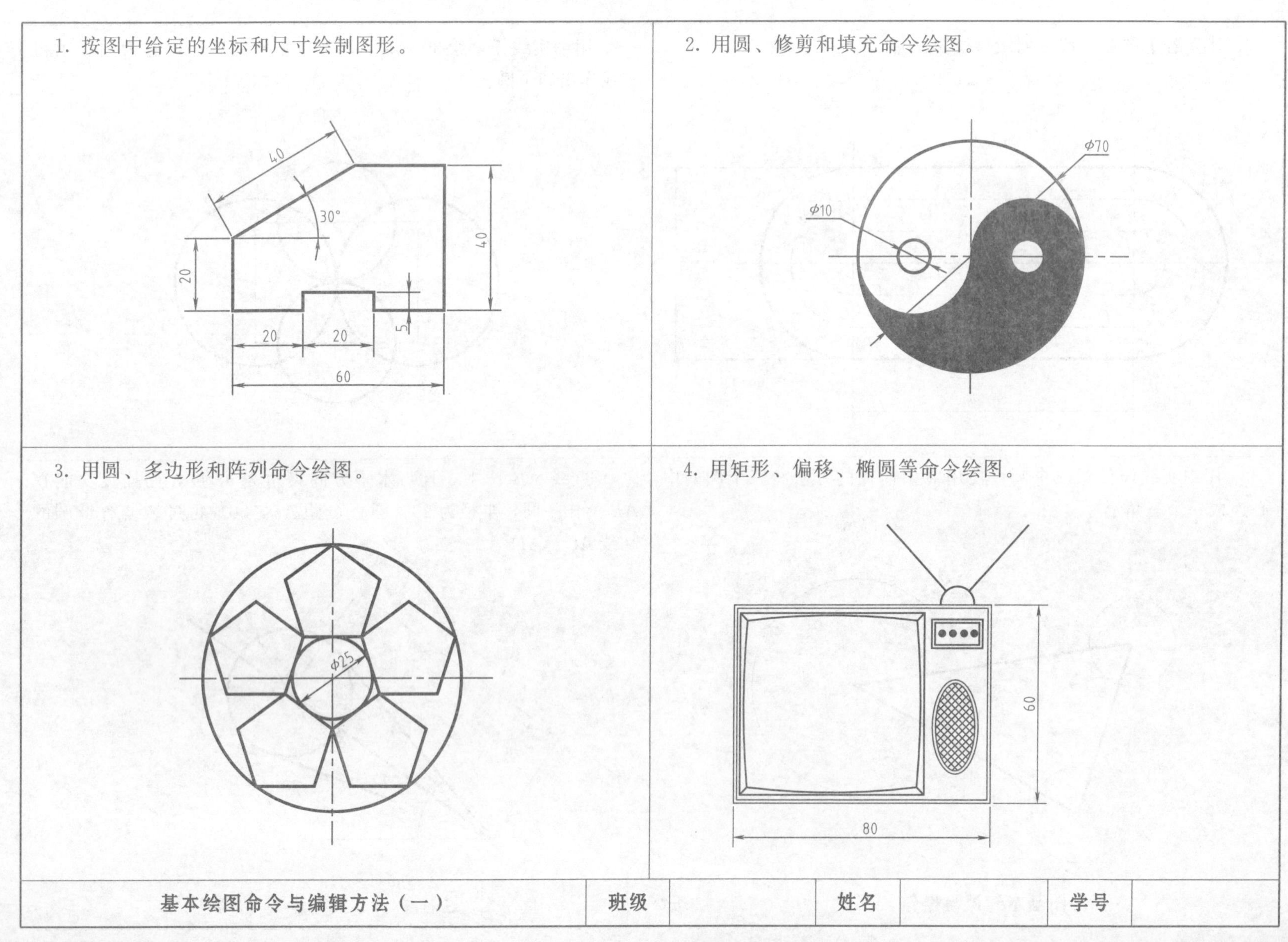

5. 用多段线、样条曲线、多边形等命令绘图。

6. 用样条曲线命令画出阿基米德螺线。

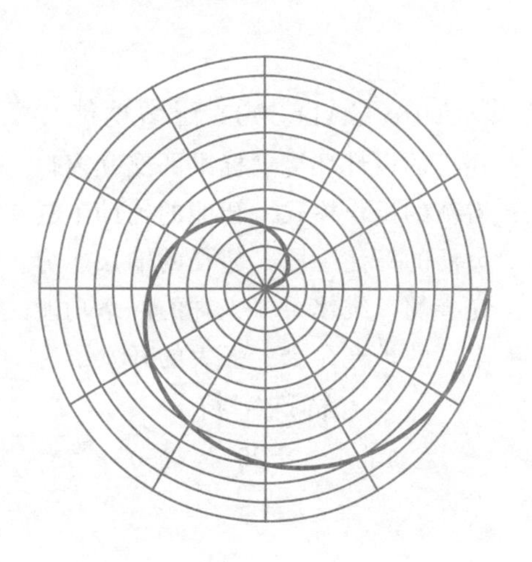

7. 用样条曲线、填充命令绘图。

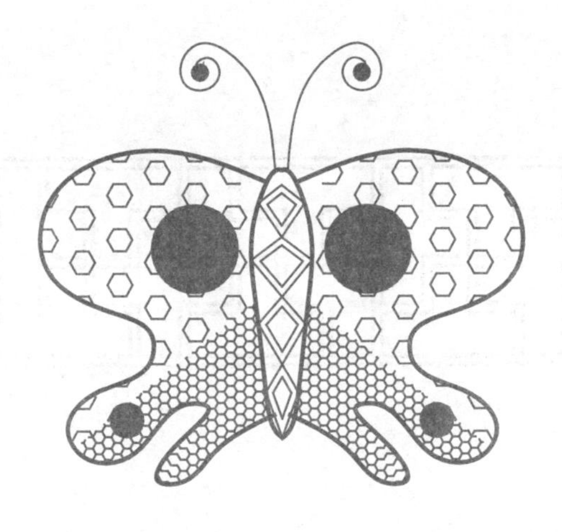

8. 按尺寸绘制图形并标注尺寸。

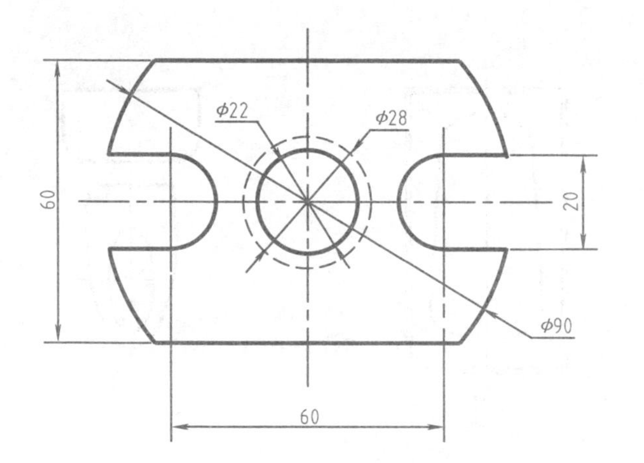

基本绘图命令与编辑方法（二）	班级		姓名		学号	

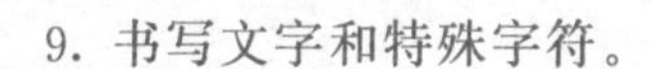

9. 书写文字和特殊字符。

Auto CAD 2004 新增功能

轻松的设计环境　标准的交互窗口

崭新的操作模式　智能的辅助工具

灵活的标注手段　超强的输入能力

完善的三维体系　先进的网络功能

丰富的扩充命令　强大的开发语言

特殊字符

45°　±25　ϕ50

10. 按尺寸绘图，并填充图案。

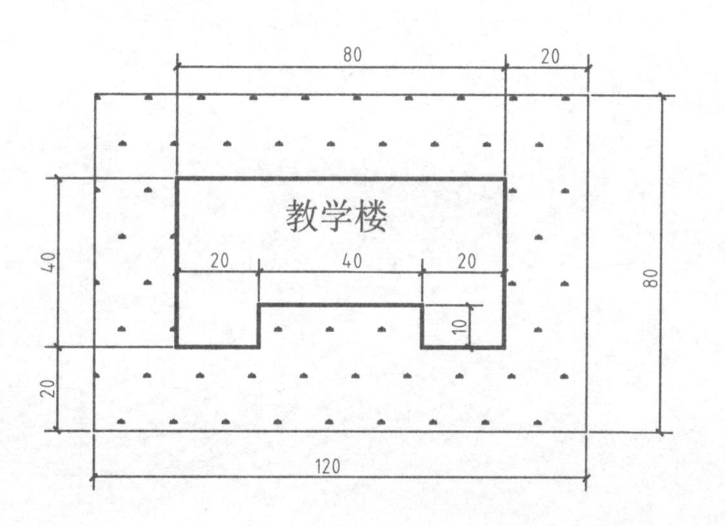

11. 绘制下列图形，尺寸自定。

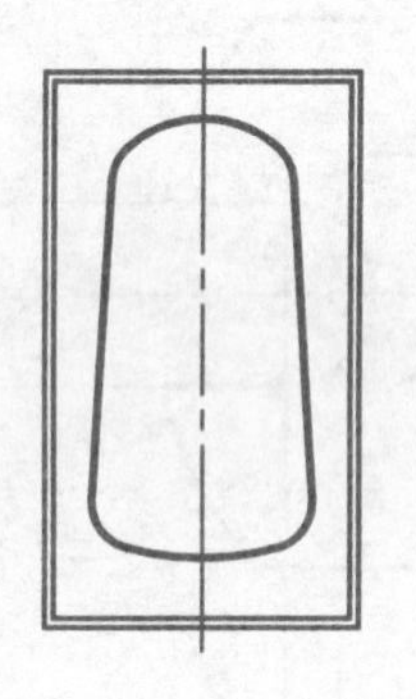

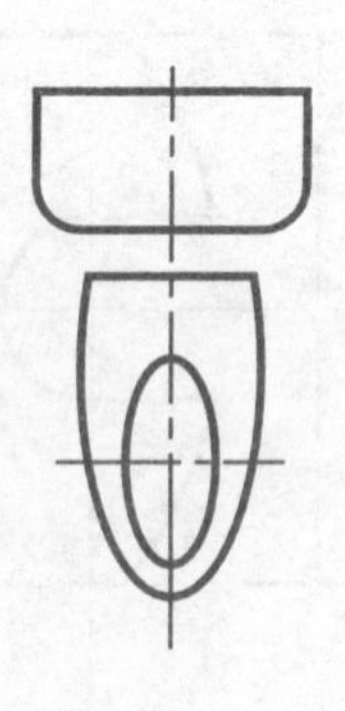

12. 绘制下列图形，尺寸自定。

基本绘图命令与编辑方法（三）	班级		姓名		学号	

阅读教材所举住宅建筑平面图（见教材图 10-4～图 10-7），并利用 AutoCAD 绘制标准层平面图。

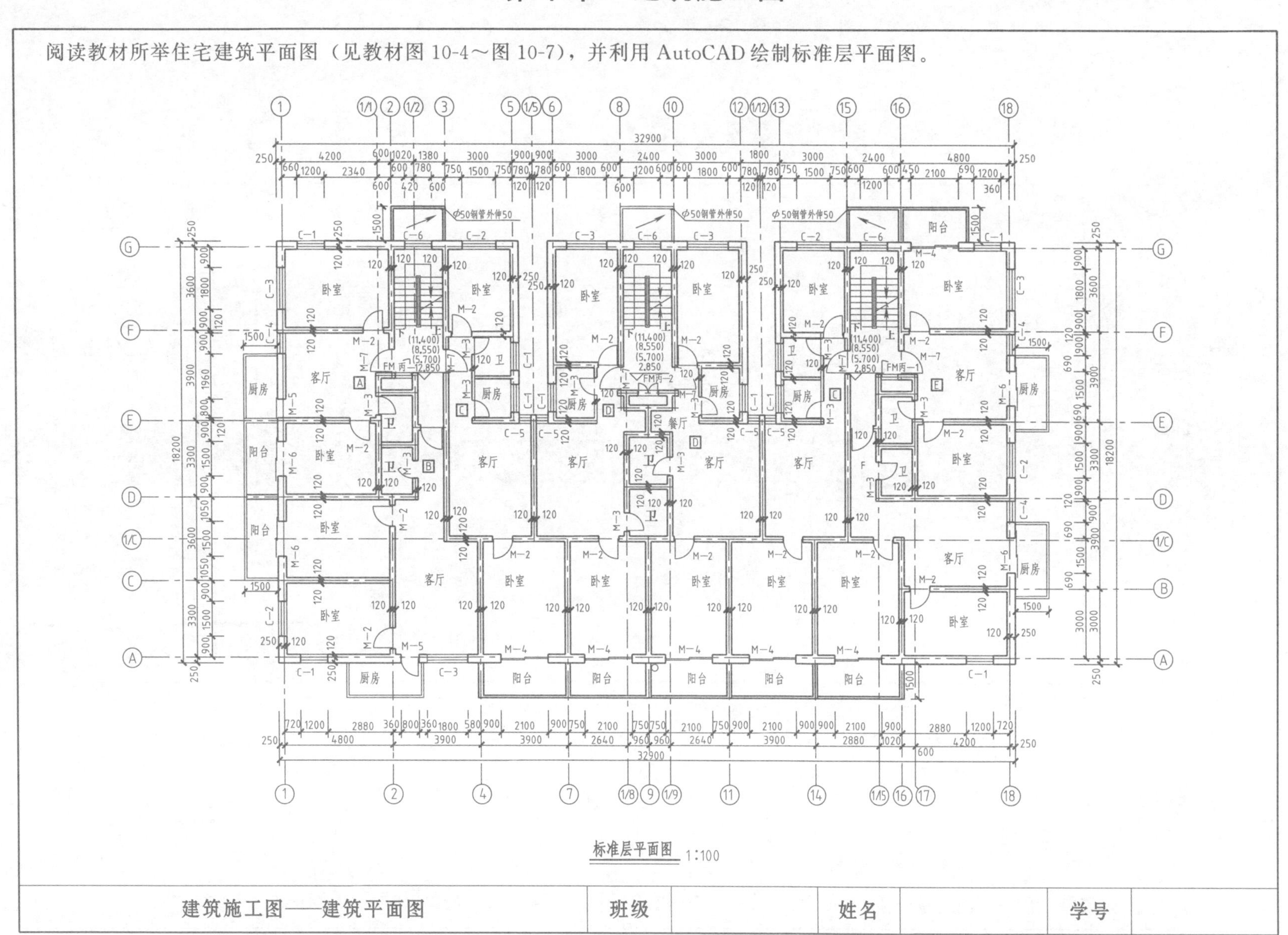

标准层平面图 1:100

建筑施工图——建筑平面图	班级		姓名		学号	

结合教材所举住宅建筑平面图，阅读其建筑立面图（见教材图 10-22～图 10-25），并利用 AutoCAD 绘制东立面图。

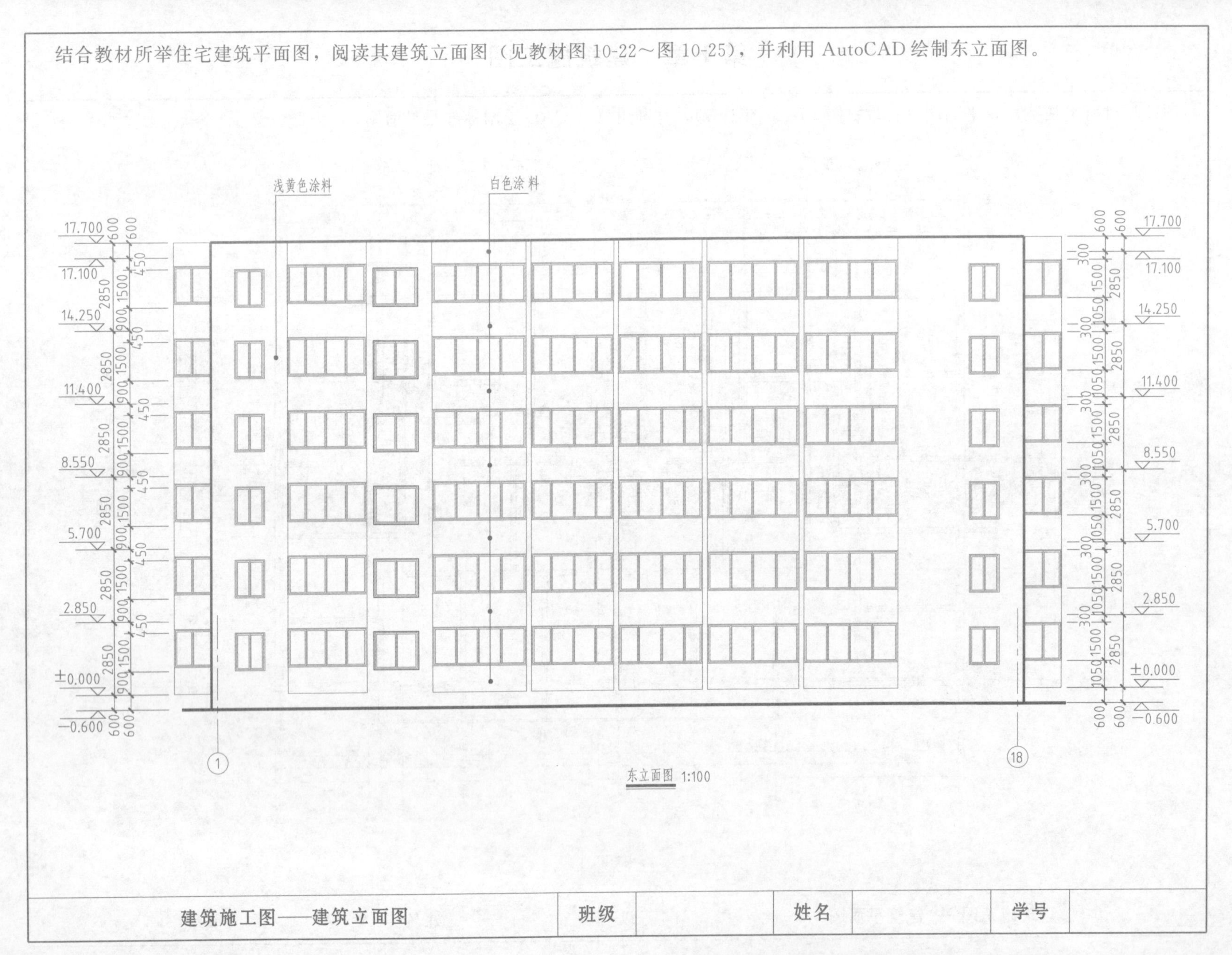

东立面图 1:100

建筑施工图——建筑立面图	班级		姓名		学号	

结合教材所举住宅建筑平面图，阅读其建筑剖面图，并利用 AutoCAD 绘制 1—1 剖面图。

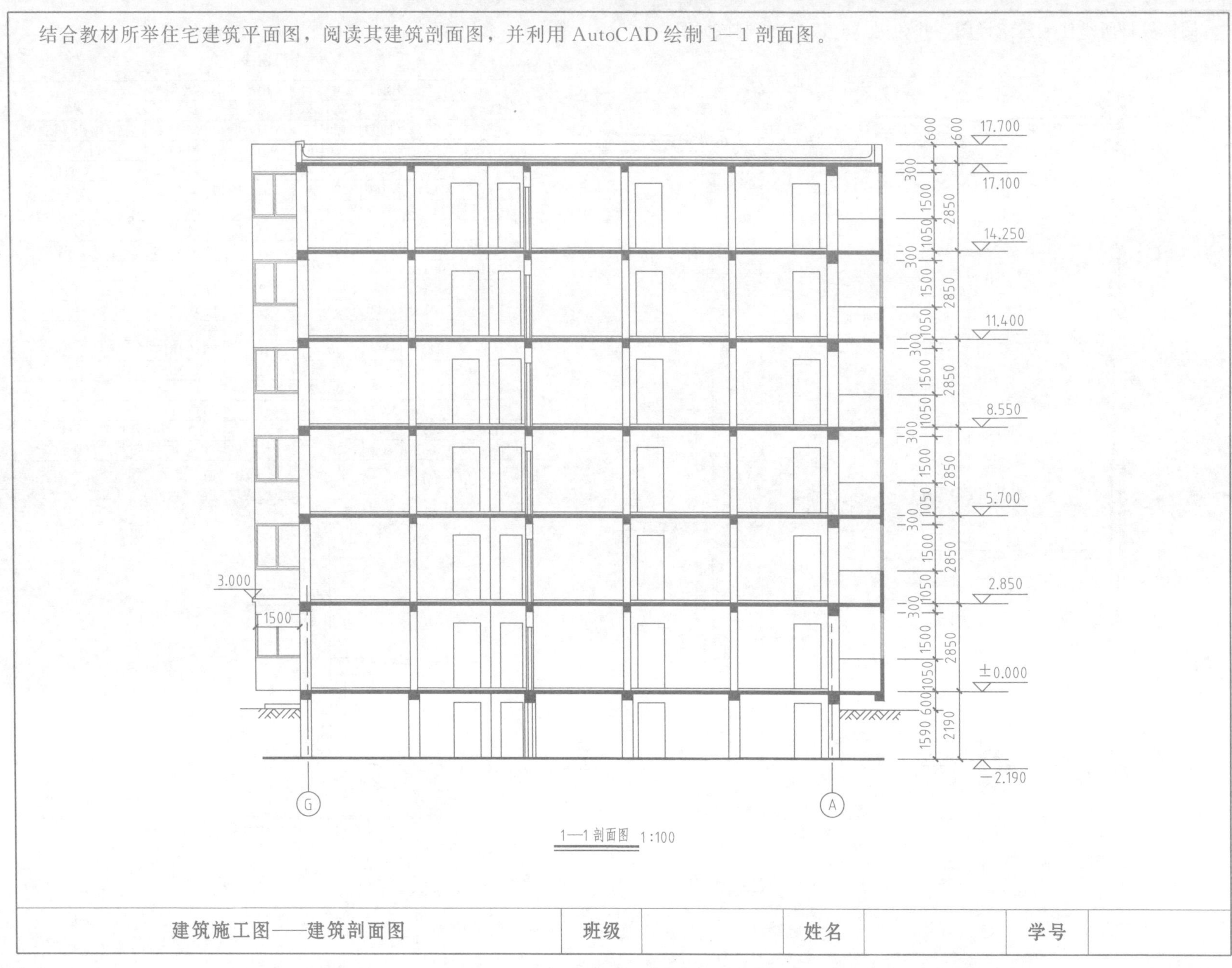

1—1 剖面图 1:100

建筑施工图——建筑剖面图	班级		姓名		学号	

阅读教材所举住宅建筑详图，并利用 AutoCAD 绘制该详图。

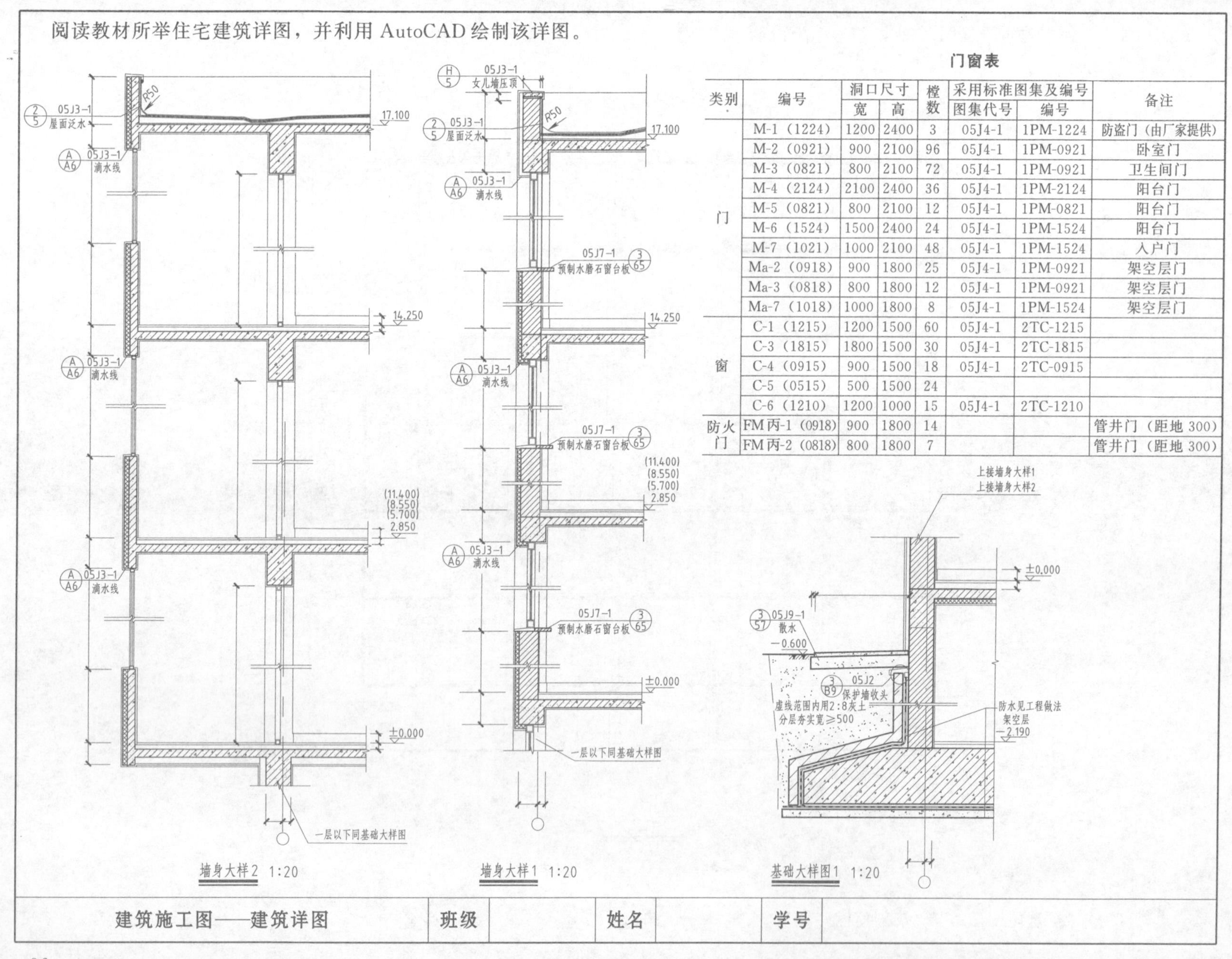

门窗表

类别	编号	洞口尺寸		樘数	采用标准图集及编号		备注
		宽	高		图集代号	编号	
门	M-1（1224）	1200	2400	3	05J4-1	1PM-1224	防盗门（由厂家提供）
	M-2（0921）	900	2100	96	05J4-1	1PM-0921	卧室门
	M-3（0821）	800	2100	72	05J4-1	1PM-0921	卫生间门
	M-4（2124）	2100	2400	36	05J4-1	1PM-2124	阳台门
	M-5（0821）	800	2100	12	05J4-1	1PM-0821	阳台门
	M-6（1524）	1500	2400	24	05J4-1	1PM-1524	阳台门
	M-7（1021）	1000	2100	48	05J4-1	1PM-1524	入户门
	Ma-2（0918）	900	1800	25	05J4-1	1PM-0921	架空层门
	Ma-3（0818）	800	1800	12	05J4-1	1PM-0921	架空层门
	Ma-7（1018）	1000	1800	8	05J4-1	1PM-1524	架空层门
窗	C-1（1215）	1200	1500	60	05J4-1	2TC-1215	
	C-3（1815）	1800	1500	30	05J4-1	2TC-1815	
	C-4（0915）	900	1500	18	05J4-1	2TC-0915	
	C-5（0515）	500	1500	24			
	C-6（1210）	1200	1000	15	05J4-1	2TC-1210	
防火门	FM丙-1（0918）	900	1800	14			管井门（距地 300）
	FM丙-2（0818）	800	1800	7			管井门（距地 300）

建筑施工图——建筑详图 | 班级 | 姓名 | 学号

阅读教材所举住宅结构平面图及其详图（见教材图 11-6～图 11-9），并利用 AutoCAD 绘制该结构平面图。

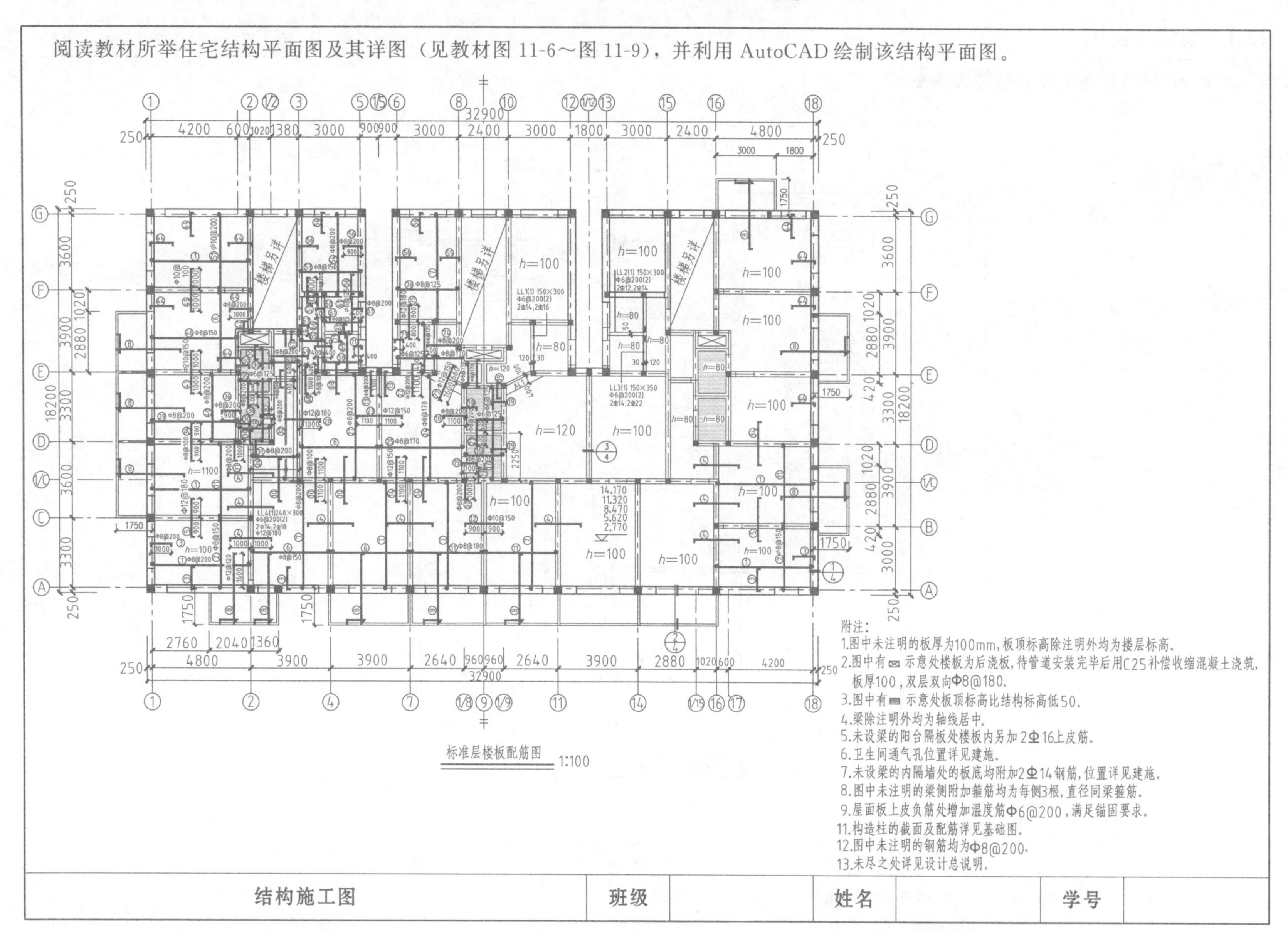

标准层楼板配筋图　1:100

结构施工图	班级		姓名		学号	

第十二章　装饰施工图

12-1　装饰平面图

用 AutoCAD 抄画某复式楼装饰平面图。

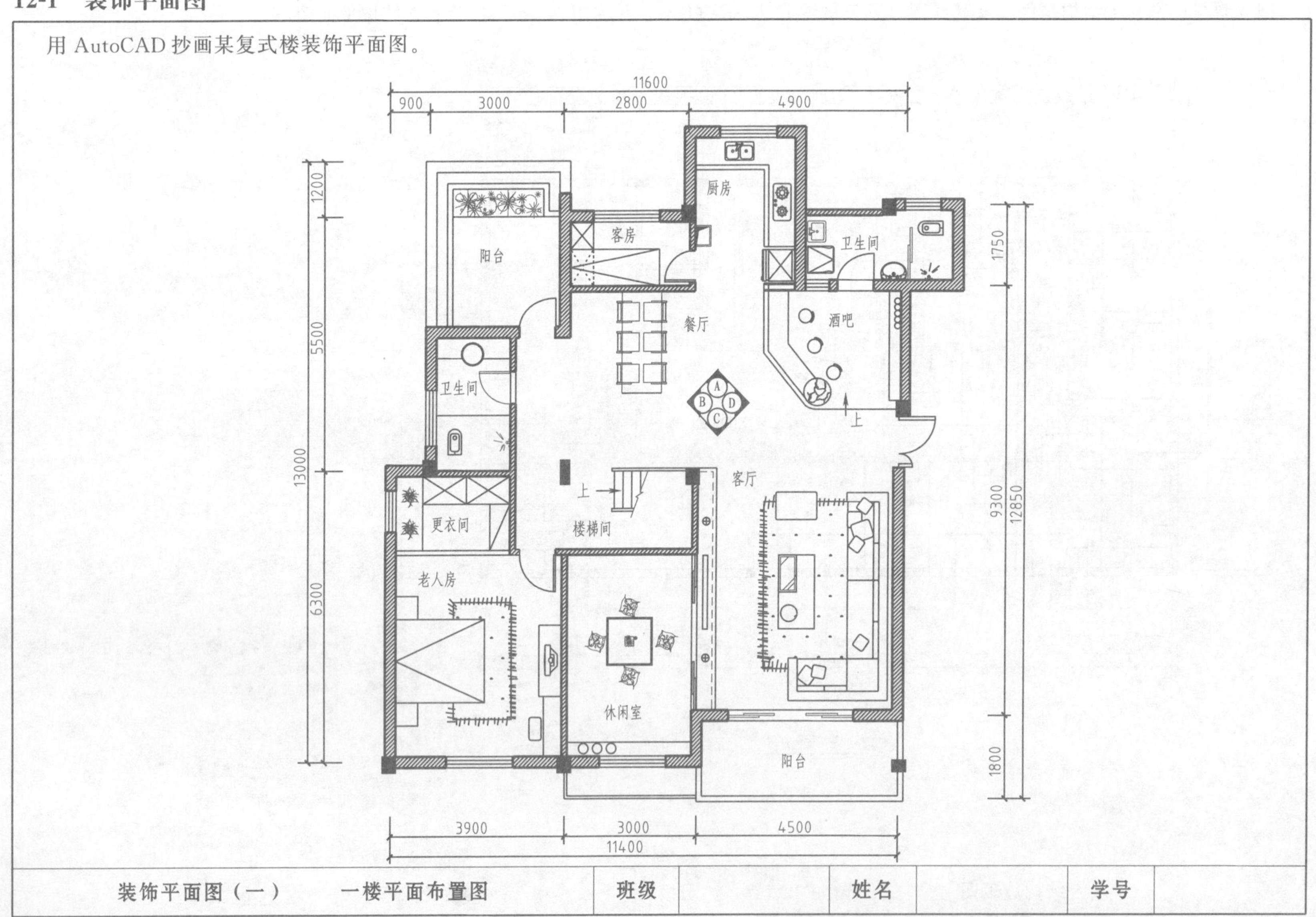

装饰平面图（一）　一楼平面布置图	班级		姓名		学号	

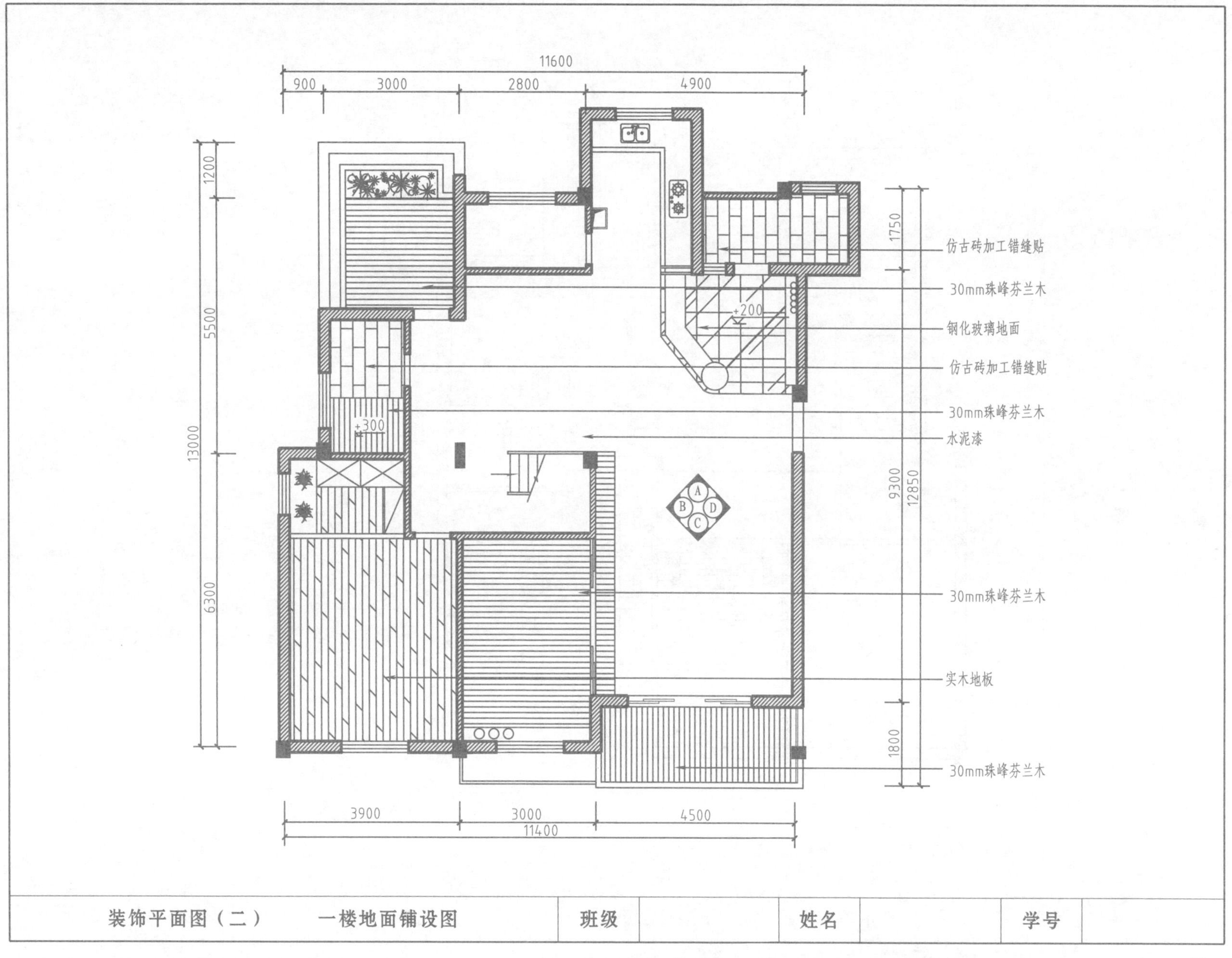
11600
900
3000
2800
4900
1200
5500
13000
6300
1750
9300
12850
1800
+200
+300
A
B
C
D
仿古砖加工错缝贴
30mm珠峰芬兰木
钢化玻璃地面
仿古砖加工错缝贴
30mm珠峰芬兰木
水泥漆
30mm珠峰芬兰木
实木地板
30mm珠峰芬兰木
3900
3000
4500
11400
装饰平面图（二）
一楼地面铺设图
班级
姓名
学号

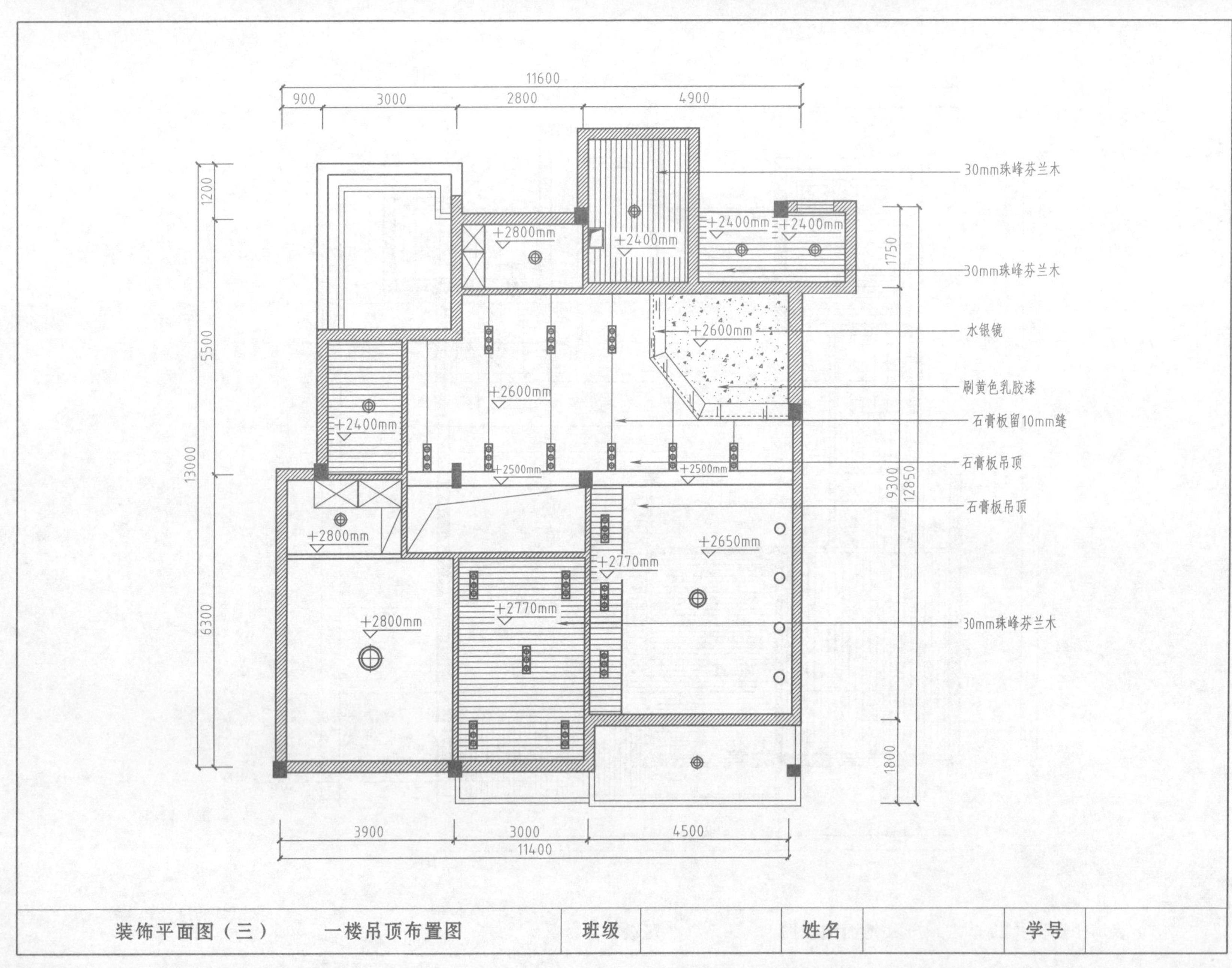
11600
900
3000
2800
4900
1200
5500
13000
6300
1750
9300
12850
1800
30mm珠峰芬兰木
30mm珠峰芬兰木
水银镜
刷黄色乳胶漆
石膏板留10mm缝
石膏板吊顶
石膏板吊顶
30mm珠峰芬兰木
+2800mm
+2400mm
+2400mm
+2400mm
+2600mm
+2600mm
+2400mm
+2500mm
+2500mm
+2800mm
+2650mm
+2770mm
+2770mm
+2800mm
3900
3000
4500
11400
装饰平面图（三）　一楼吊顶布置图
班级
姓名
学号

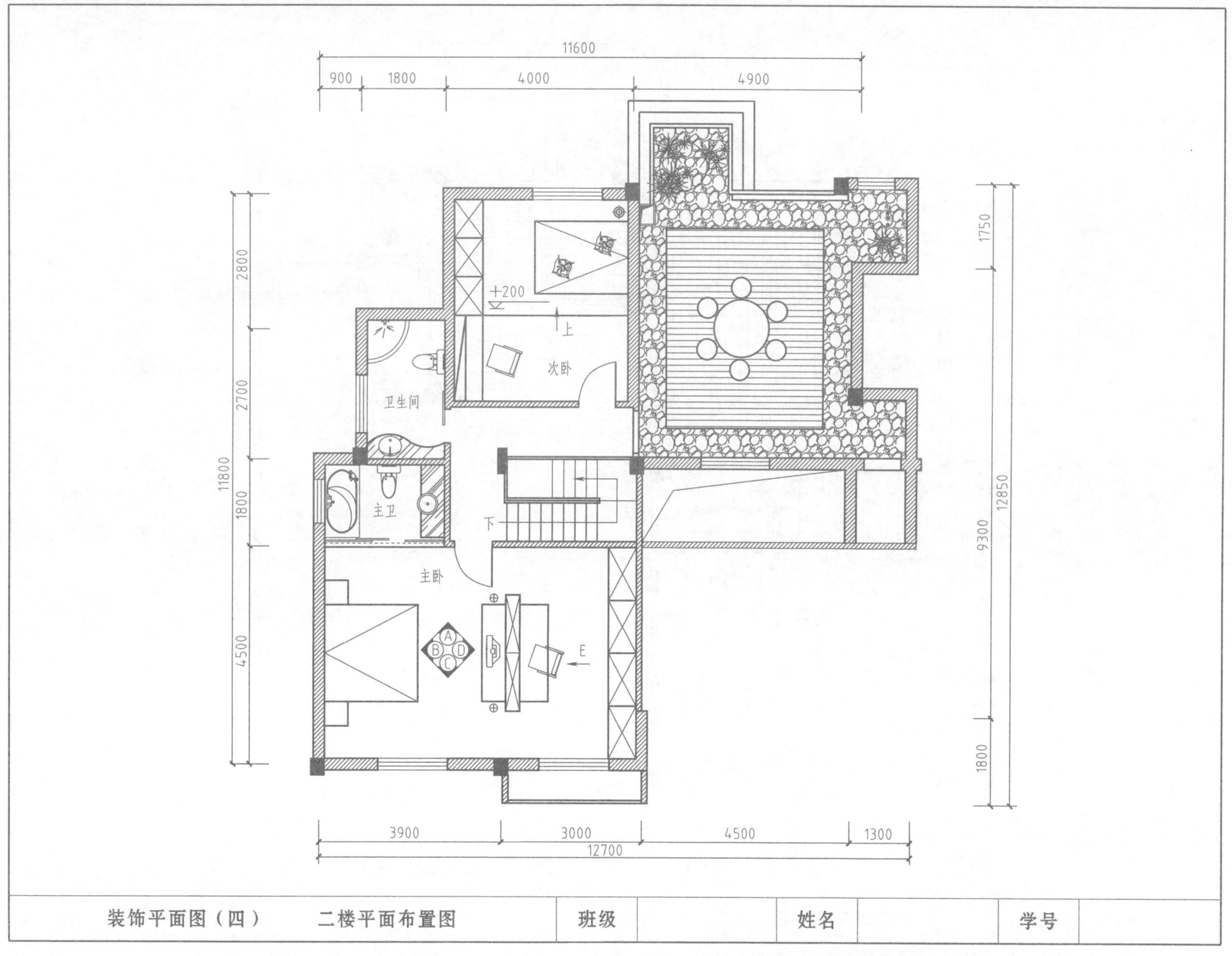
11600
900
1800
4000
4900
2800
2700
11800
1800
4500
1750
12850
9300
1800
+200
上
次卧
卫生间
主卫
下
主卧
A
B
C
D
E
3900
3000
4500
1300
12700
装饰平面图（四）
二楼平面布置图
班级
姓名
学号

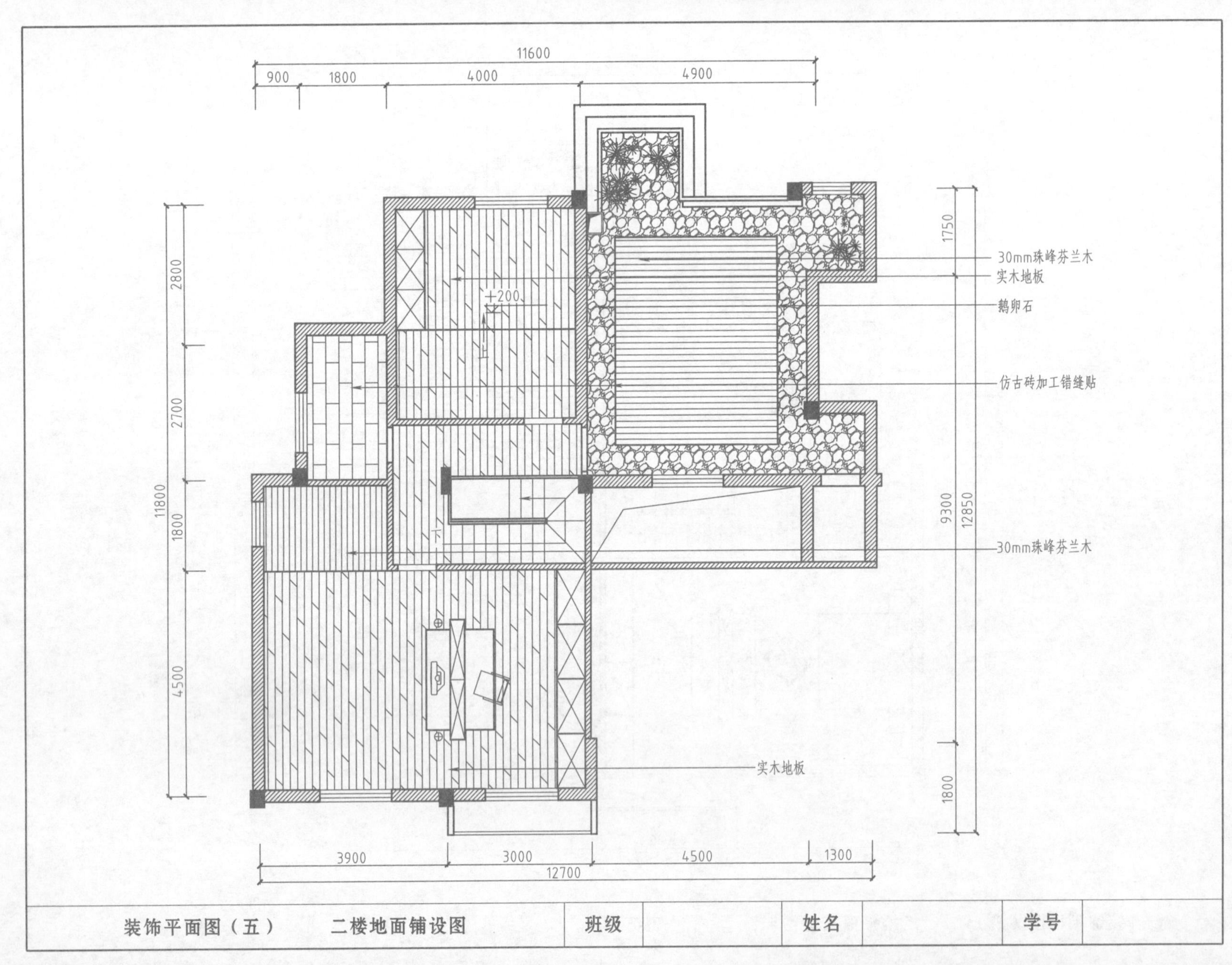

装饰平面图（五） 二楼地面铺设图	班级		姓名		学号	

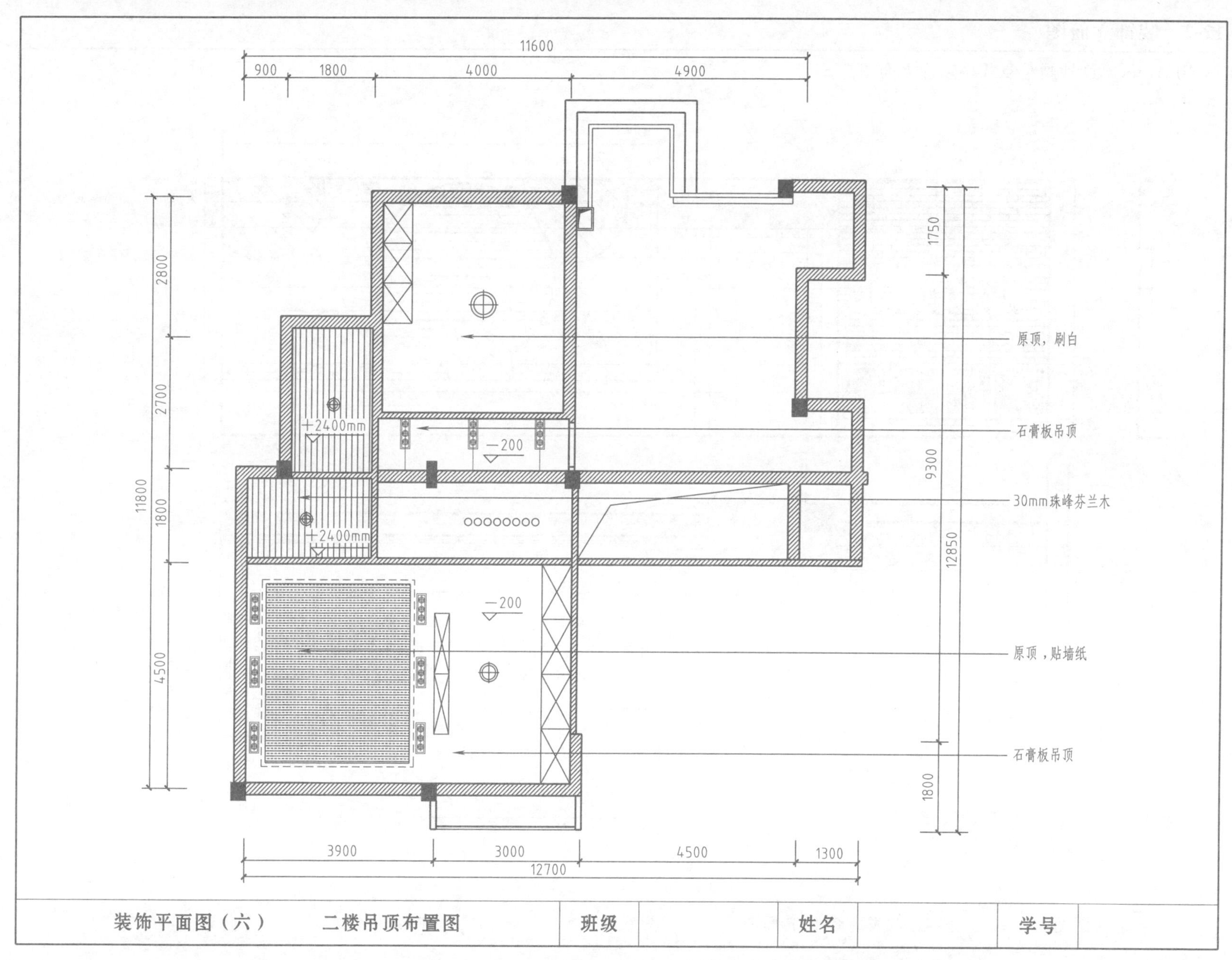

装饰平面图（六）　二楼吊顶布置图	班级		姓名		学号	

12-2 装饰立面图

用 AutoCAD 抄画某复式楼装饰立面图。

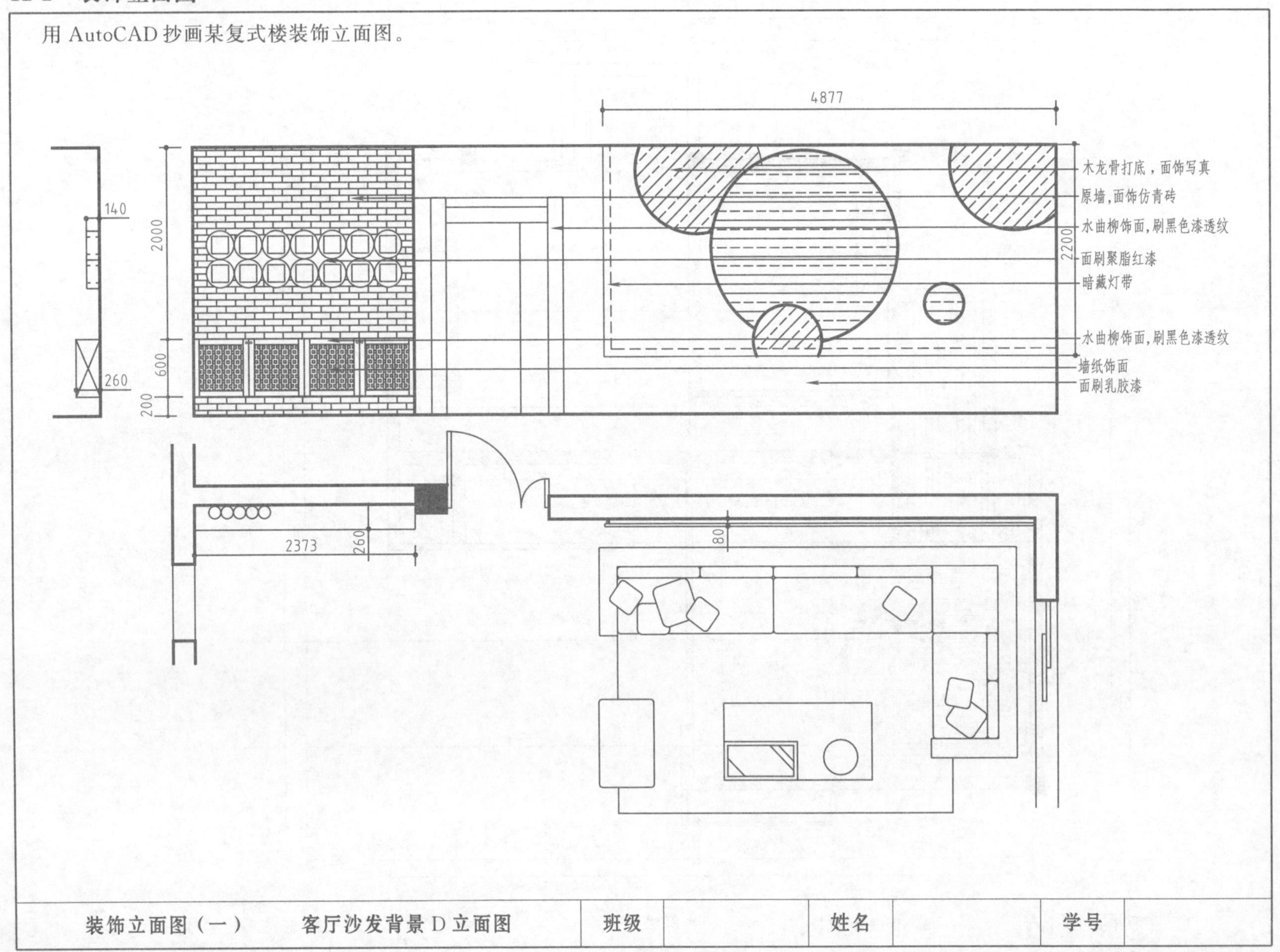

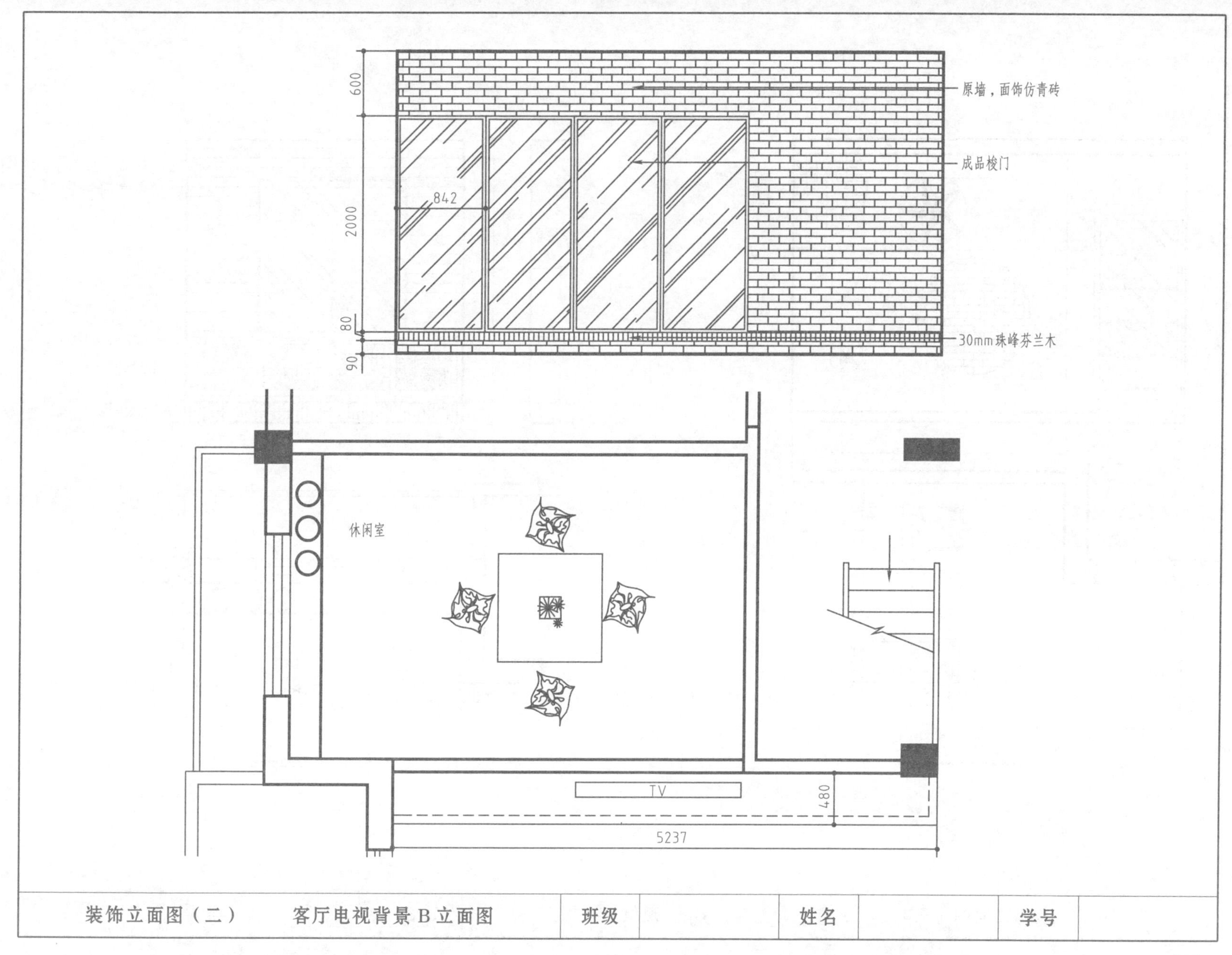

装饰立面图（二） 客厅电视背景B立面图	班级		姓名		学号	

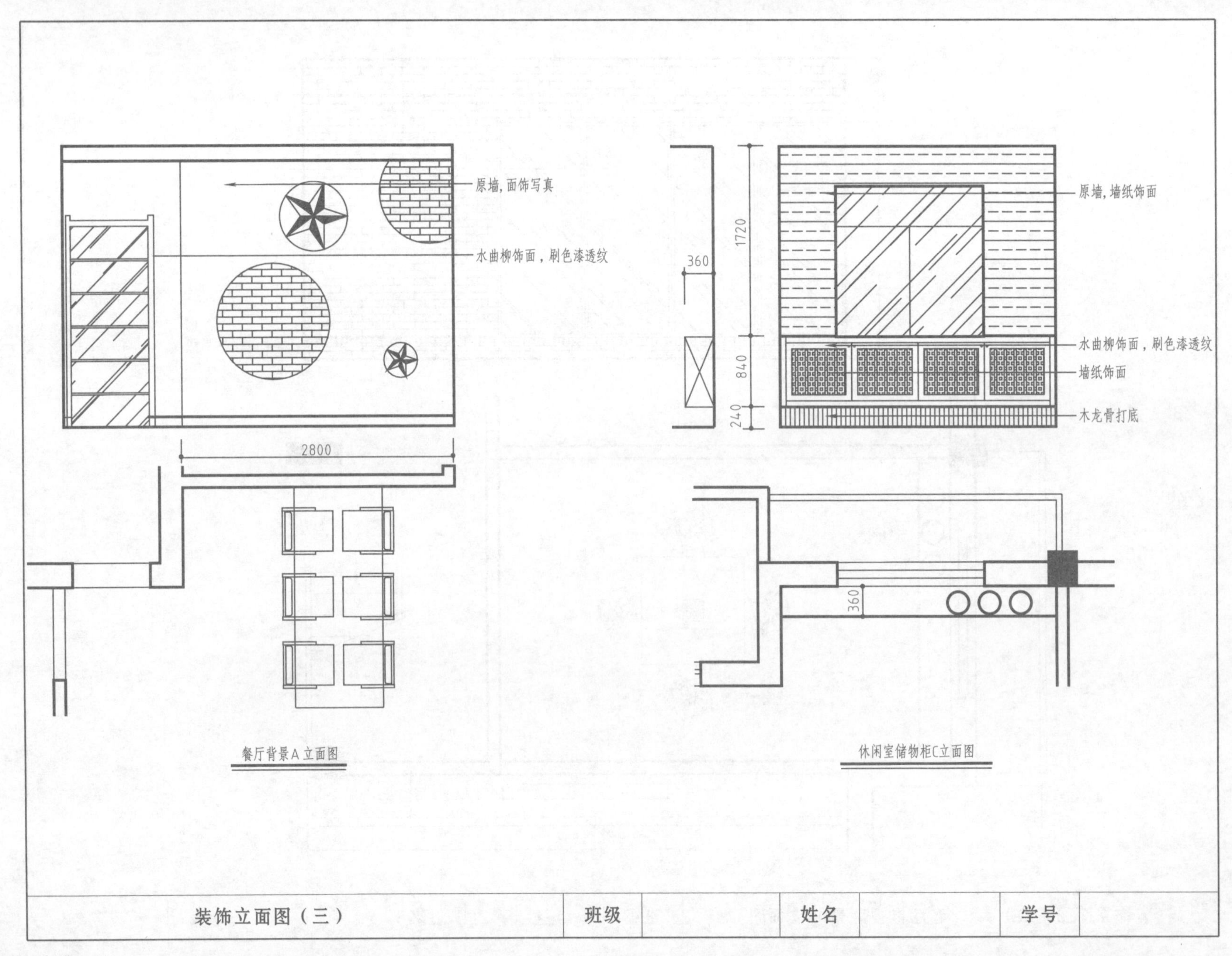
原墙，面饰写真
水曲柳饰面，刷色漆透纹
2800
餐厅背景A立面图
原墙，墙纸饰面
1720
360
水曲柳饰面，刷色漆透纹
840
墙纸饰面
240
木龙骨打底
360
休闲室储物柜C立面图
装饰立面图（三）
班级
姓名
学号

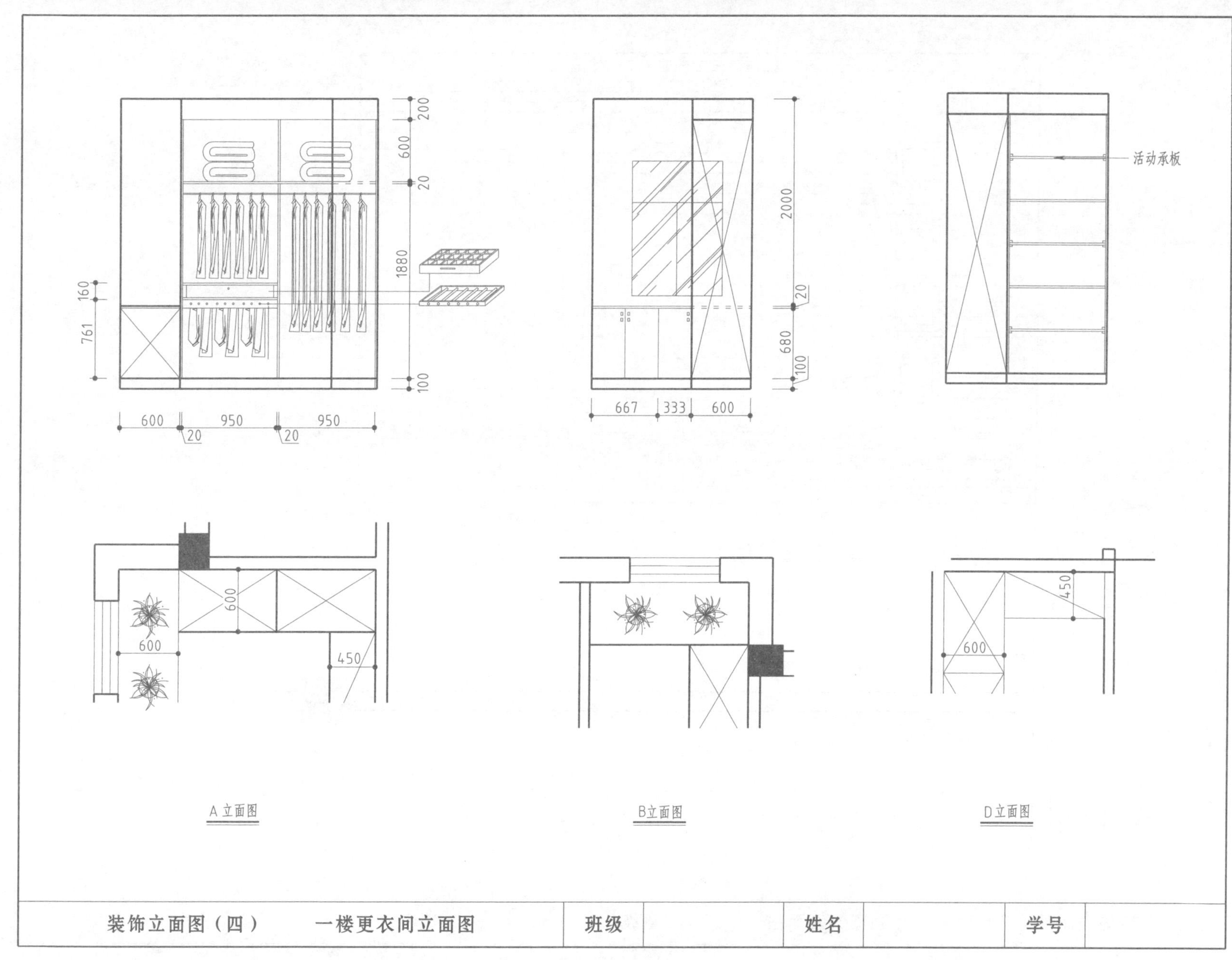

装饰立面图（四）　一楼更衣间立面图	班级		姓名		学号	

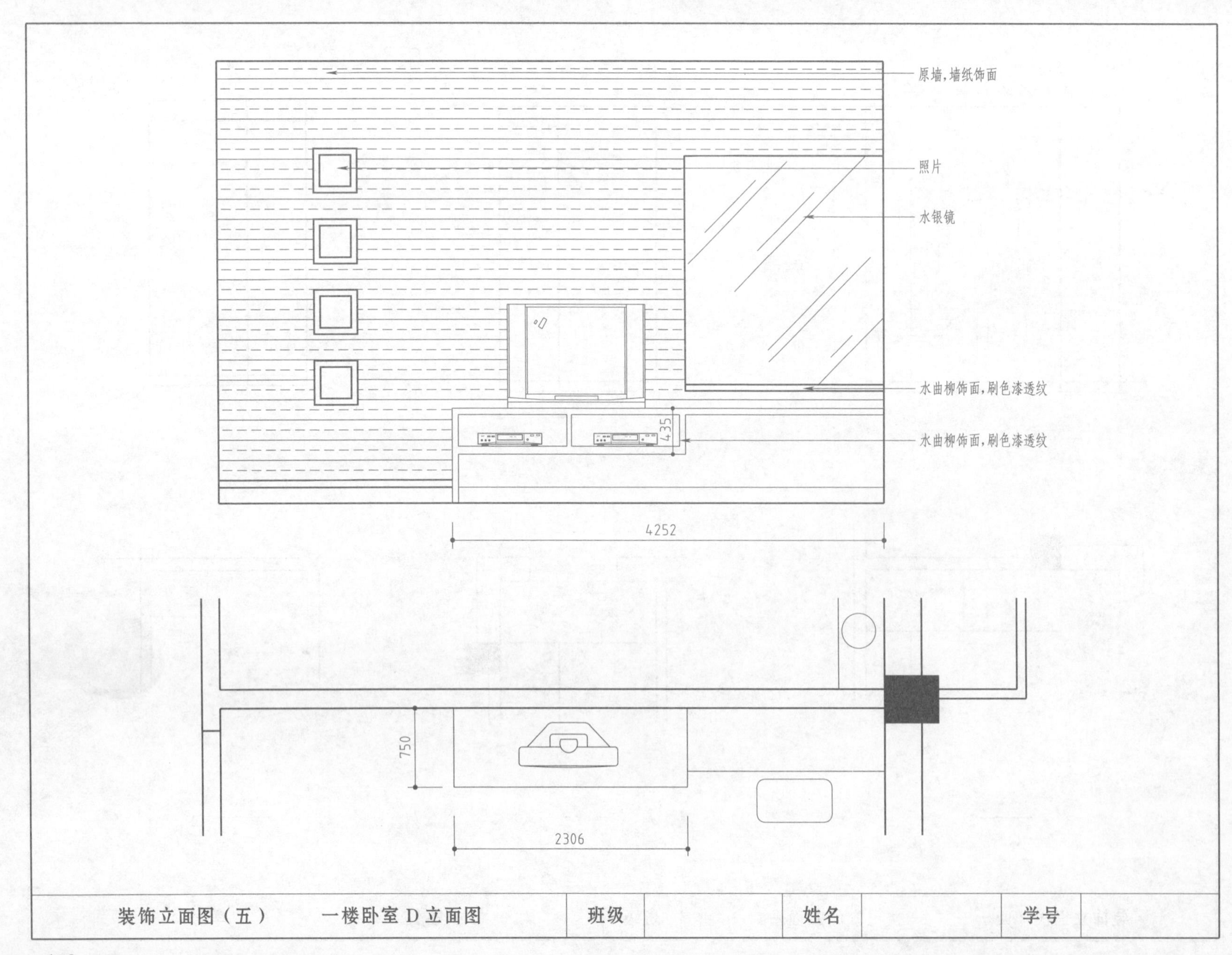

装饰立面图（五）　一楼卧室 D 立面图	班级		姓名		学号	

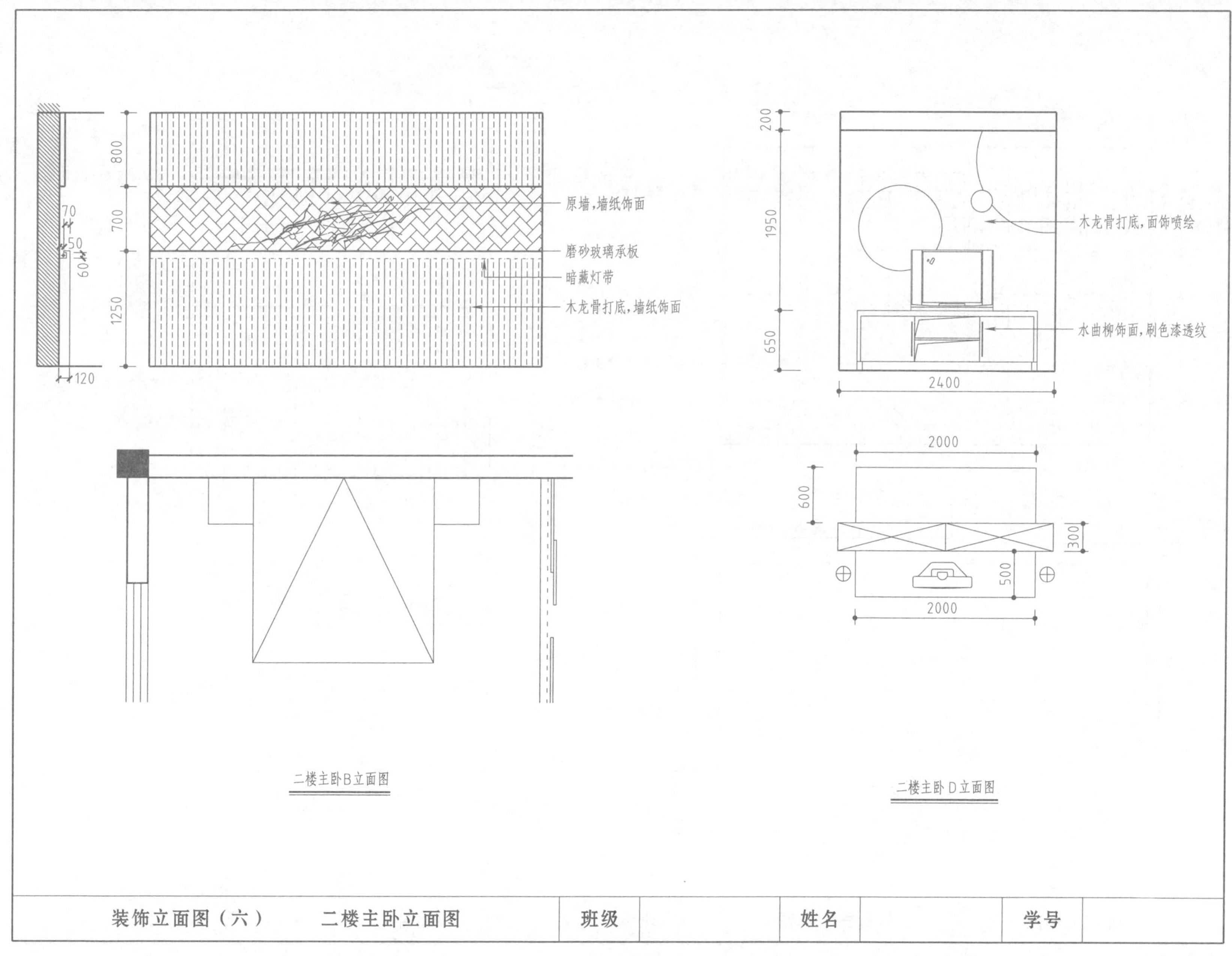

装饰立面图（六）　二楼主卧立面图	班级		姓名		学号	

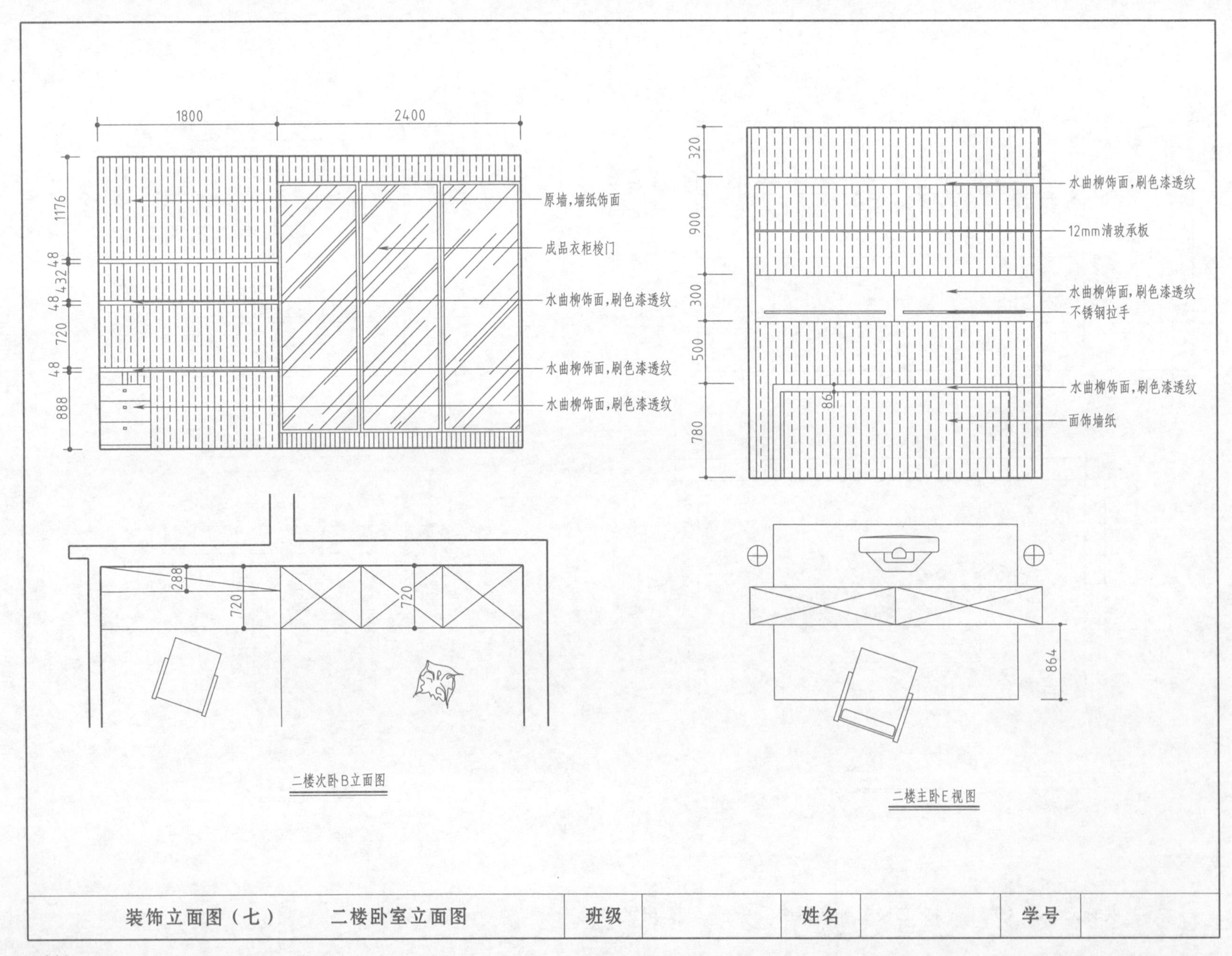

二楼次卧B立面图

二楼主卧E视图

装饰立面图（七） 二楼卧室立面图	班级		姓名		学号	

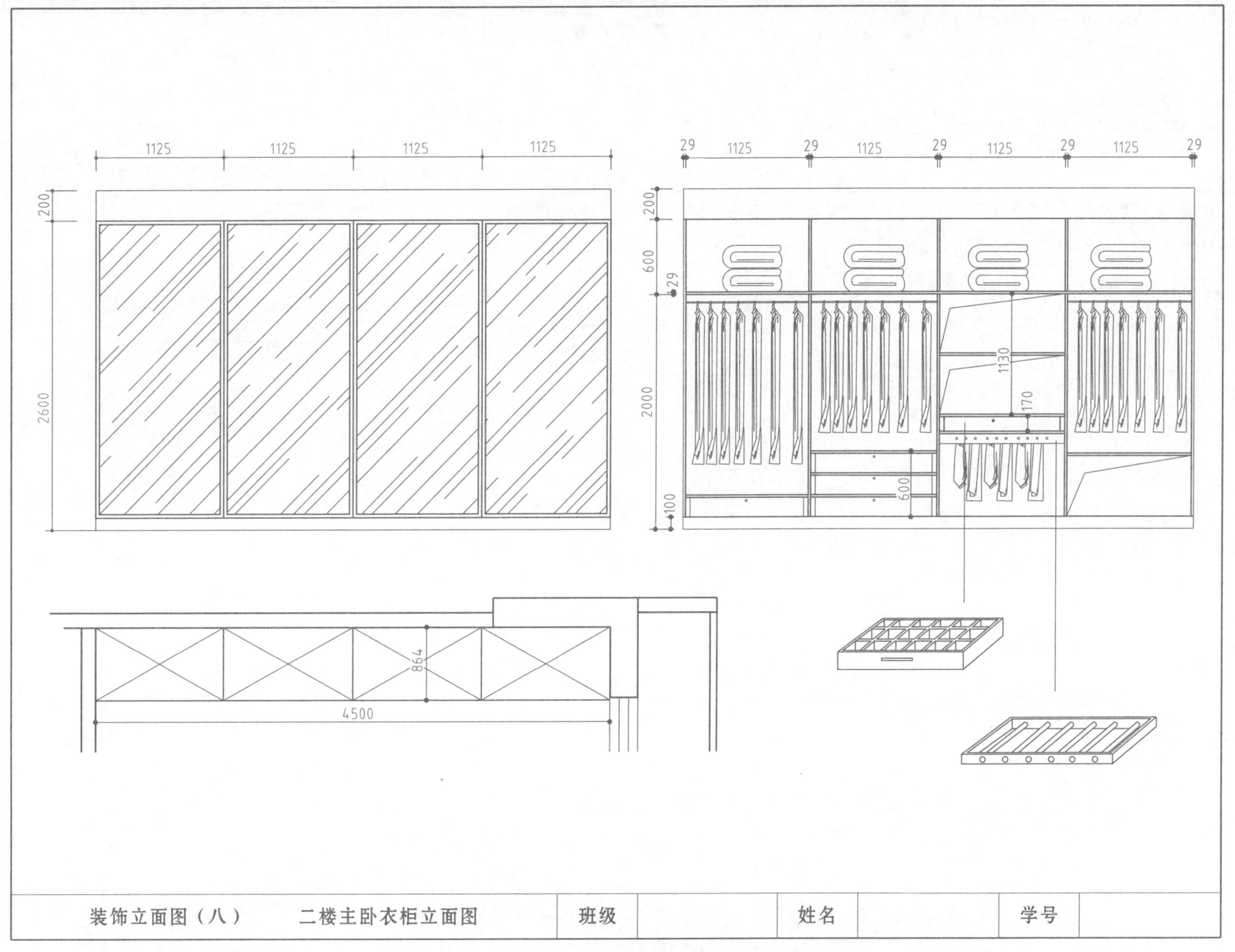
1125
1125
1125
1125
200
2600
29
1125
29
1125
29
1125
29
1125
29
200
600
29
2000
1130
170
600
100
864
4500
装饰立面图（八）
二楼主卧衣柜立面图
班级
姓名
学号

参考文献

[1] 房屋建筑制图统一标准（GB/T 50001—2017）.

[2] 总图制图标准（GB/T 50103—2010）.

[3] 建筑制图标准（GB/T 50104—2010）.

[4] 建筑结构制图标准（GB/T 50105—2010）.